科学的历史与哲学丛书

总顾问：曹效业　潘教峰

主　编：袁江洋

科学无国界：欧盟科技体系研究

高　洁　袁江洋／著

科学出版社
北京

图书在版编目(CIP)数据

科学无国界：欧盟科技体系研究/高洁，袁江洋著．—北京：科学出版社，2015.1

（科学的历史与哲学丛书）

ISBN 978-7-03-042314-6

Ⅰ．①科… Ⅱ．①高… ②袁… Ⅲ．①欧洲国家联盟-科学研究事业 Ⅳ．①G325

中国版本图书馆 CIP 数据核字（2014）第 252643 号

丛书策划：侯俊琳

责任编辑：邹 聪 刘巧巧 / 责任校对：张凤琴

责任印制：赵 博 / 封面设计：黄华斌 陈 敬

编辑部电话：010-64035853

E-mail：houjunlin@mail. sciencep. com

科学出版社出版

北京东黄城根北街 16 号

邮政编码：100717

http://www.sciencep.com

北京凌奇印刷有限责任公司印刷

科学出版社发行 各地新华书店经销

*

2015 年 1 月第 一 版 开本：720×1000 1/16

2025 年 3 月第七次印刷 印张：12

字数：216 000

定价：68.00 元

（如有印装质量问题，我社负责调换）

总 序

这里呈现的是一个无形学院十余年持续进行的一系列研究及成果。这个无形学院的大本营是中国科学院自然科学史研究所科学文化研究中心，其成员现在分属不同的学术机构。有关工作始于这样一种构想：将哲学的思考与历史的探究密切结合在一起，在长时段的历史时空中理解科学及其历史。

在这种长时段的视角中，我们可以找到两条相互交织的研究线索，其一是科学思想的发展历程，其二是科学实践的制度化进程。在第一个维度上，我们可以在柯瓦雷（A. Koyrè）的科学思想史研究纲领、霍尔顿（J. Holton）的“基旨分析”，乃至在文德尔班（W. Windelband）关于“人类思想的永恒结构”的探讨中找到编史灵感；同时，也可以在默顿（R. K. Merton）社会学研究的“中层策略”中发见基于学科史的研究界面，如以物理学史、化学史等学科史为基础展开哲学思考，并将对于科学的哲学思考建立在这种思考之上。从科学编史学思考上升至科学哲学思考，这意味着，要回到原点重新思考一切问题，甚至有必要对科学哲学关于科学发现的概念框架进行系统更新。

在思想史中，我们尝试沟通思想史方法与社会史方法，探讨新的综合的进路。通过引入“SMV 分析”（S：Science；M：Metaphysics or Methodology；V：Value analysis），我们尝试解析个人、群体乃至整个文化的知识传统及相关的科学传统。无论是对于一个像牛顿这样的“完整的人”，还是对于完整的科学家群体或科学文化，通过比较不同的思想家、不同的群体及不同的文化之间在 S、M、V 这三个界面上的差异，理解相关的历史互动进程。这种做法实际上预设这样一个前提，任何人类社会均是知识社会，只是不同社会或文化在不同时期对知识的类型有不同偏好。西方的知识传统中历来容纳着一个具有系统和相对独立意义的科学传统，而在古代中国，科学技术缺乏这种系统性，不存在与西方自然哲学相对应的完整的自然知识体系。最近，我们做了一个科学文化史的系统研究方案，对“人文传统”进行分类，借鉴柏拉图情感、理性、意志三分法，识别三类人文传统。其中，以理性为特征的人文文化及相关传统，与我们通常所说的科学文化及科学传统，在本质上是完全一致的，如启蒙运动以科学为典范。在此意义上，科学本身即是一种人文。

越出思想史界面，从哲学思考角度重置思考与分析进路，需以库恩、哈金（Ian Hacking）这样的当代科学哲学家乃至后现代相对主义论者为参照，而不仅仅是在由霍尔顿、默顿、萨顿（G. Sarton）、柯瓦雷等史学思想家构成的学术语境中思考问题。当然，作为职业科学史学者，我们从来就不曾怀疑，在科学理论（指可演绎出可观察语句的理论）的背后，存在着一套形而上学的东西，这些东西，从科学史角度看，可谓根深蒂固、经久不变。它们是科学理论之母，可以保护理论，也可以孕育新理论。

转入科学史-科学哲学的综合思考，我们有以下一些明确的目标：

（1）它要为实验正名，因此需要分析实验在哲学思考中、在历史上兴起与失落的过程，需要探讨 20 世纪以“假说-演绎模式”为核心来发展的科学哲学思潮，探讨何以由此走向相对主义。

（2）它要回避简单回到逻辑经验主义老路的做法，因此，它从一开始便承认“观察渗透理论”，但却不认同“范式不可通约论”，因此，它要回答何以跨范式、跨 style 乃至跨文化理解是可能的——在此方面，我们可以以外部世界同一性及卡尔纳普“相似性原理”为参考资源，而且是必要的——因为这类理解和思考是创新的源泉。

（3）它要从着重探讨空间上并置的“科学共同体”转向在长时段历史上的“学术思想谱系”，同时，要将科学-创新进程理解为“多主体游戏”，以“学术联合体”概念替代“共同体”。

（4）它要基于学科史上的重要案例，揭示形而上学的长时段的历史作用。这些形而上学，是人类探索自然现象及过程的基本的智力底座，没有它们，连外部世界的同一性和统一性都无法为人类思想者所意识到，也就没有自然哲学，没有物理学、化学了。落实在学科史的界面上，如在化学史上，我们便可以看到元素论化学和原子论化学这两大化学传统（我们称之为元化学理论），自古希腊以降，这两大传统及相关实践相互交织、相互砥砺，终于在拉瓦锡（A. L. Lavoisier）、道尔顿（J. Dalton）时代导致了现代化学学科的诞生。光学史及其他许多学科史上亦存在类似现象。

（5）它要揭示在理论缺位（前科学时期、科学理论更替期等）情形下，正是这些元科学理论引导着相关的实验探索，使之不致成为一盘散沙，由此，要研究或然性的“猜想”“推理”过程，如最佳说明推理（皮尔士“溯因推理”）等，借以说明人的智慧与人的经验探索之间的互动过程。

（6）它要对实验探索进程作系统理解，区分实验的类型、层次（可将实验层次分为“知其然”与“知其所以然”两个层面，下属各类平行实验、对照实验、探究性实验等），描述“实验的精致化进程”；它要恢复实验的判决性意义，以实验系统（而非单个实验，如单个可观察语句的检验）的整体支持与反驳来解释科学理论的接受或遭受拒斥的过程。

（7）还有，它要以历史为指归，要趟过“史料的雷区”，在一系列的案例研究中站住脚跟，到目前为止，我们所研究的案例涉及波义耳（R. Boyle）、牛顿（I. Newton）、拉瓦锡、麦克斯韦（J. C. Maxwell）、海森伯（W. K. Heisenberg）与玻尔（N. Bohr）等。

这套丛书的一半内容就是表现上述科学思想史-科学哲学探究进程的部分结论的。还有一半的内容用于呈现我们关于科学制度化进程研究的结果。

制度化研究通常属于社会学范畴，但这套丛书旨在从历史角度来考察制度化进程。历史方法就社会学研究而言，本来就是一种基本方法，与经验调查方法相当，如《金枝》《17 世纪英格兰科学技术与社会》等作品均大量使用历史手法。

社会学中的制度研究主要涉及人才、资源、评价、互动机制等方面的制度，描述其结构与功能，并通过经验调查来呈现研究者的理论构造。历史视角下的“制度化进程”当然也涉及前述内容，但视角变化后，我们主要研究科学制度化进程的不同相态、动因及深层理念的制度表达。

现代科学的制度化进程，从历史角度看，可分为四个相互交错的相态，其一是科学技术学会的出现与发展，在此方面，可进一步细分为三个子类：以科学为主的（如皇家学会）、以技术为主的（如富兰克林学会），以及科学-技术兼顾型的（如月光社）学会；其二是现代科学诸学科的建立与发展（我们的研究只涉及化学学科）及相关社会化进程；其三是科学的国家化进程，所谓科学的国家化进程，系指科学作为子系统整合于国家机器之中并形成科学—技术—经济—军事—文化综合体的进程，在此进程中，科学系统的独立性和自主性往往随之下降；其四是超国家界面的科学，如苏东阵营、欧盟的科学技术体系以及国家之间合作兴办的科学事业。

除分相态研究外，丛书还包括一本带有论述制度化进程及动因的理论著作。它试图说明，科学传统总是生长于更广泛的知识传统之中，由于各种文化传统相异，科学传统的发展路径亦相异；近代科学传统是世界文化长期汇聚之果；科学原发国家与后发国家的科学发展机制及路径相异；科学制度化进程不同相态在时间始于不同历史时段，其具体制度特征与相应的社会-文化与境及时代特征有关；科学制度化的动因可分为三种基本类型，一者以求真为直接目标（如近代科学）、一者以致用为直接目标（如宗教、医疗）、另一者兼顾前二者，或表述为“求真＋致用”（学院科学），或表述为“致用＋求真”（国家科学）。

近年来，我们的研究受到了中国科学院的纵向支持，有关课题包括“现代科学技术制度化进程研究”及“重大原始科学创新的哲学基础和思想方法论”等。在此我们要对中国科学院给予课题支持表示诚挚谢意！

袁江洋

2014年11月19日于北京中关村东路55号

前　言

断断续续地，大约用了一年多的时间，终于把近十年所写的论文和发表的文章重新整理并修改完成。此时，秋高气爽，是收获的季节。这是我出版的第一本书，看着图书馆窗外的海景，这个静谧美丽的海边小城一反往年的阴雨连绵，连续多日阳光灿烂的好天气带给人们很大的惊喜，大家争相去海边骑车兜风，不亦乐乎。

鲁迅先生在《鲁迅自选集》“自序”中写道：“我向来就没有格外用力或格外偷懒的作品。”这样坦诚地向读者说明写作态度，着实令人钦佩。鲁迅先生的这句话也确是我的心声，跨越九年才完成的书稿，中间历经考试、毕业、工作、结婚、生子若干人生大事，要说始终心无旁骛专心写作，那不是真话。但也每每在俗世纷扰中被大脑中无形的呼唤拉回书桌前奋笔疾书，因为心中始终存有一份对学术的真诚和坚持。

选择这个研究题目的理由朴素而简单。还记得 2006 年年初，我刚踏入师门，导师把新入学的同门召集在一起确定每个人的研究方向。大家你一句我一句讨论得很热烈，很快，师兄们找到了适合自己的题目。轮到我——导师当时唯一的女学生时，大家却都鸦雀无声了，应该给我选择一个什么样的题目呢？这让导师和师兄们都很为难。如果选题太深奥，怕我一个女生无法完成时会哭鼻子；如果选题太简单，则达不到研究生学习和科研的基本要求。最后，老师皱着眉头沉思片刻，开口说道：“既然你是个女生，未来毕业找工作比男生困难，那就选一个既有理论深度又应用广泛的题目吧，你觉得做欧盟科学技术发展的研究如何?”欧盟是当时很热门的话题，我听了导师的建议立刻兴奋地举双手赞同，师兄们也觉得这个题目好。这本书，就这样开始了。

然而，当我真正专注于这个研究题目时，发现它表面光鲜而内里复杂。首先，欧盟层面的科学技术不是单纯的科学问题，它从诞生之日起就与欧洲的政治经济一体化紧密联系在一起，这需要研究人员加大阅读量，对欧洲一体化背后复杂的国际政治、经济及军事背景有清晰深刻的理解和认识；其次，起初我们对欧盟的认识仅限于国内新闻报道的层面，理所当然地把欧盟设定为一个超国家实体，但翻阅英文文献后发现事实并非如此。欧洲一体化的多变直接影响着欧洲学术界对欧盟的判断和定位，对于欧盟究竟是一个跨国家的区域联盟还是超国家实体，学术界长期以来争论不休，莫衷一是，至今才得出大家普遍认可的结论。欧洲一体化的历史进程也不是一个按部就班、组织有序的过程，这一进程时而急进、时而缓行、时而迂回，在不同的历史发展阶段有不同的组织形式，具体到科学技术领域方面则主要分为跨国科学实验室和超国家的欧盟研发框架计划（EU Research Framework Programme，简称框架计划或 FP）两种类型。

在对上述两个问题有足够的准备之后，我对欧盟科学技术才有了一个较为客观公正的认识，并对它的历史发展脉络有了宏观上的把握。但仅仅停留在历史叙述层面是远远不够的，还需要从科技哲学和科学社会学视角分析欧盟科学技术的运作机制，这也就有了本书中对跨国层面科学实验室和超国家层面科学系统及框架计划分两条线进行的论述。跨国层面的科学实验室受国内关注度较低，没有学者做专门研究，但以欧洲核子研究组织（European Organization for Nuclear Research，CERN）和欧洲分子生物学实验室（European Molecular Biology Laboratory，EMBL）为代表的跨国科学实验室是欧盟科学技术发展的始端，对它们的深入研究可以让我们看到这一类科学实验室的独特特征，以及它们与国家层面的科学实验室之间的异同。其中，针对 CERN 的发展历史国外已经出版了专著，我从另一个视角出发探讨了一些与已有研究不同的内容。得力于该组织丰富翔实的一手资料和方便快捷的网站搜索功能，我很快找到了突破点并进行了深入挖掘；而 EMBL 不是“大科学”的代表，它走过了一条与 CERN 迥异的道路，曲折又坎坷，这个实验室的成立过程就已经足够吸引人，再加之生物学研究在近 30 年来的发展可谓突飞猛进、激荡人心，更让研究者不得不对这一领域在欧盟的后续影响尤为关注。与分子生物学及后续欧洲生物技术发展相关的资料浩如烟海，信息纷繁琐碎，叫人难以应对，但这一领域的巨大吸引力屡次让我几近放弃而又重新拾起。在本书中，我分析了 EMBL 成立的过程及背后的关键性因素，厘清了欧洲生物技术在不同层面的制度化发展及生物技术的成果在工业领域转化的几项基本要素。

欧盟科学技术近 30 年的发展国人已经比较熟悉了，无论是框架计划的最新动态还是分类介绍，屡屡见诸报端和学术期刊。而人们多关注这一计划的短时效应，进行长时段分析的文章较少。此时，发挥科学史的研究特色，再结合科技政策的研究理念，理解欧盟科学技术体系的核心发展理念及框架计划的历史变迁，可以让我们看出这一体系中超国家层面的特点及与国家层面科技战略制定的不同之处。

写到这里，读者们不免追问，欧盟与各成员国之间在科技领域的关系如何，两者是如何交流的？这是研究欧盟科学技术发展中必不可少的部分。事实上，欧盟目前已经有 28 个成员国，作为一个跨越或超越国家层面的体系，它与各成员国在科学技术领域的交流必然会根据各成员国的科研实力和综合国力而变化，笔者不可能一一涉足。所以，我仅以英国作为案例来分析，选取英国与欧盟在科技领域中影响力最大、最具争议的事件，借以说明国家层面与超国家层面科学实体的互动。

絮絮叨叨，行笔至此，无非是让读者了解笔者之真性情，也有个阅读指针。记得导师袁江洋研究员屡次跟我说：“一个女人结婚成家生子，至少需要五年时间才能重返科研道路。”真正步入这些人生必经之路时才体会到导师所言之意味，感谢导师在为我选题之时的良苦用心，以及在我科研之路举步维艰之时给予的支持和帮助。感谢父母和爱人，是你们用辛劳为我在这个充满诱惑的现实世界中支撑起一片学术的天空。也感谢科学出版社的邹聪编辑，为本书的修订、校对和出版付出了很多心力。签订本书出版合同之时，我家的小小人儿尚在襁褓之中，如今已蹦蹦跳跳，活泼可爱，希望她以后健康快乐。

高　洁
2014 年 9 月 19 日

目　录

总序 / i

前言 / v

第一章　引论 / 1

一、研究视角 / 2

二、欧盟科学技术的基本分析维度 / 8

三、本书研究内容 / 12

第二章　欧盟科学技术制度化进程概况之一——欧盟科学技术制度化动因 / 13

一、欧洲一体化的初生与人才外流 / 13

二、欧洲一体化的停滞与技术差距 / 16

三、欧洲一体化的飞跃与欧洲悖论 / 20

四、欧盟科学技术制度化进程的总体脉络 / 22

五、本章小结 / 27

第三章　欧盟科学技术制度化进程概况之二——跨国科学实验室和超国家科学实体的建立 / 29

一、跨国科学实验室的建立 / 29

二、超国家科学实体的发展 / 32

三、欧盟科学技术实体的政策走向 / 36
四、本章小结 / 40
第四章　欧洲核子研究组织的创建——关于CERN创建初期核心成员的一项群体志分析 / 42
一、CERN作为欧盟科学技术制度化的始端：超越“国家科学” / 42
二、CERN的概况 / 44
三、对CERN创建初期成员的群体志分析 / 45
四、CERN科学家的欧洲科学联合意识 / 56
五、本章小结 / 58
第五章　欧洲核子研究组织的运行状况——国家科学与超国家科学的博弈 / 59
一、实验室运作初始：两种层面的科学之间的博弈 / 59
二、实验室运作中期：CERN内外的均衡 / 62
三、用计量学方法分析CERN运作方式的转变 / 64
四、大型科学联合体的代表——加尔加梅勒中性流实验团体 / 68
五、本章小结 / 72
第六章　欧洲分子生物学实验室的创建及分子生物学的制度化 / 74
一、EMBL构想提出前后欧洲各国分子生物学学科的发展情况 / 75
二、EMBL的建立：作为对国家层面科学制度的必要补充 / 80
三、本章小结 / 83
第七章　欧盟框架计划历史演进及特点研究 / 85
一、欧盟框架计划的基本特点 / 86
二、欧盟框架计划优先发展领域的变化 / 89
三、欧盟框架计划的评估 / 92
四、欧盟研发政策的核心理念 / 96

五、本章小结 / 100

第八章　欧盟生物技术的制度化发展 / 102

一、区域层面的生物技术发展 / 104
二、国家层面的生物技术发展 / 105
三、欧盟层面的生物技术发展 / 107
四、生物技术在欧洲工业界的制度化进展 / 112
五、本章小结 / 116

第九章　欧盟及各成员国科研系统基本特点分析 / 118

一、欧盟各成员国科研体系的基本特点 / 119
二、欧盟科研体系的基本特点 / 128
三、欧盟科研系统对欧盟各成员国的影响 / 133
四、本章小结 / 135

第十章　被动的接受者还是积极的行动者?——英国在欧盟科技一体化中的角色 / 137

一、相关的欧洲一体化理论研究 / 137
二、英国参与欧盟研发领域的现状 / 140
三、英国对欧盟研发政策的深层影响 / 145
四、本章小结 / 151

第十一章　结论 / 152

附　录 / 159

参考文献 / 168

第一章

引　论

科学技术的制度化是一个漫长的、无止境的过程，自 16、17 世纪以来，现代科学技术制度在不断丰富、发展、更新，相应地，相关的制度主体也在不断拓展。回顾过去 300 多年来的科学技术制度化过程，我们首先看到了多种类型的科学技术学会的创建和发展，看到了现代科学诸学科及子学科的形成，以及相关的社会化进程，看到了以国家为主体的国家科学技术系统的涌现，第二次世界大战（简称二战）结束以后，科学技术的制度化进程又呈现了一个新的相态，即跨越国家层面的科学技术组织或实体的组建和发展。本书所要研究的即是现代科学技术制度化发展的第四个相态，所选取的案例则是欧盟科学技术的产生和发展进程。

二战以后，欧洲出现了广泛的跨国科技合作活动，它们主要依附于两个不同的国际政治经济合作组织，一个是西欧资本主义国家在美国的扶植下所组成的欧洲共同体（European Communities，EC，欧共体），该组织从一开始就将科学技术的研究纳入了自己的行动范围，后来该组织发展为欧盟，相关的科技合作活动也逐渐发展成为如今欧盟层面的科学技术活动；另一个是东欧社会主义国家在苏联的帮助下成立的华沙条约组织（简称华约组织），开展科学合作也是该组织的主要目的之一，后来，华约组织因东欧剧变而解体，以华约组织为背景的科学合作也随之终止。本书拟选择前者——欧共体或后来的欧盟层面上的、以制度化形式发展的科学技术活动或实体——作为我们探讨的主要对象。

本书所言之欧盟科学技术，是指二战以后欧洲国家通过跨国合作或是彼此联合而形成的一个超国家实体所进行的欧洲层面上的科学活动，是指欧洲范围内跨越国家层面且以制度化形式发展的科学，它并非欧洲各国科学的合称，也不将欧洲各国科技包括在欧盟科技一词所涵盖的范围之内。总的说来，欧盟科学技术是在二战以后欧洲乃至世界科学技术发展与政治、经济及军事发展格局中产生的，其发展过程与欧盟一体化进程相一致。如同国家科学一样，欧盟科学技术的制度化进程负载着战后迅速成长的欧洲主体意识，同时也体现了欧洲各国之间，以及欧洲与美国、日本、苏联等世界强国在科技和社会发展战略上的竞争与合作。

一、研究视角

关于跨欧洲层面科学活动的研究汗牛充栋，但大多侧重于短时段的政策分析，重视短期效率，无法从中掌握其发展的宏观脉络。而本书试图从长时段角度着手，对欧盟科学技术历史进程从科学社会学、科学史和科学哲学角度进行分析，关注欧盟科学技术的制度化如何在复杂的社会-文化情境中发生、发展，关注欧洲层面的科学活动内部的结构如何建立及运作，以及欧盟科学技术的制度化进程是怎样与社会、政治和经济之间形成互动，取得社会认同并获得地位的。总之，本书希望配合历史描述，通过欧盟科学技术制度化进程的科学哲学和科学社会学分析，发现这一进程中未为人知的特征。

1. 欧盟科学技术的宏观发展脉络及动因

本书将借鉴年鉴学派的长时段史学方法，尝试对欧盟科学技术的发展历程形成某种整体理解。所谓年鉴学派，是法国自 1929 年以来主持、编纂《经济与社会史年鉴》的几代历史学家。年鉴学派的第一代代表人马克·布洛赫（Marc Bloch）在他的历史著作《为历史学辩护》（马克·布洛赫，2006）一书中描述了他心目中的史学研究进路："恺撒花了八年的时间征服高卢，爱尔福特的路德从正统的见习修道士转变为维滕贝格的改革者经历了十五年的时间，但没有一位历史学家会仅以讲述这些事实为满足。对史学家来说，更为重要的是，在欧洲社会变迁的背景下确定征服高卢在编年史中的地位，史学家丝毫不否认马丁·路德的精神危机之类不变因素，但唯有将这场运动发生的确切时刻放在其主角的人生履历中，以及与作为背景的欧洲文明联系起来考察，他才认为自己绘制了一幅逼真的图画。"年鉴学派的第二代代表人物费尔南德·布罗代尔（Fernand Braudel）认为，历史学不同于其他社会科学之处，主要体现在时间概念上。历史时间有短时段、中时段和长时段之分，短时段现象只构成了历史的表面层次，它转瞬即逝，对整个历史进程只起微小的作用。中时段现象对历史进程起着直接和重要的作用。只有长时段现象才是构成历史的深层结构，也是构成整个历史发展的基础，对历史进程起着决定性和根本性的作用。因此，历史学家只有借助长时段的观点，才能从根本上把握历史的总体（Braudel，1958）。

欧盟科学技术的发展历程很适合用长时段历史视角来叙述。作为二战后世界两极格局下的特定产物，欧盟科学技术必定深受外部因素，尤其是欧洲政治经济一体化的影响。在欧盟科学技术发展伊始，美国、苏联的迅速强大对西欧构成了巨大威胁，这样的世界新局势促使西欧不少有远见的政治家提出要团结起来，相互补充，使西欧各国联合自强。同时，西欧各国的外交政策离不开对美国的依赖，美国对西欧进行经济援助和军事合作的同时，于1950年开始着手帮助西欧各国振兴科学。欧洲跨越国家层面的科学技术合作是依附于欧洲政治经济一体化的，政治经济一体化的每一步进展都会对欧盟科学技术进程产生直接的影响。因此，结合欧洲政治经济一体化，从长时段的角度厘清欧盟科学技术发展的时间节点、核心理念、发展战略等关键元素，描绘出欧盟科学技术制度化进程的完整画面，是非常必要的。

将科学置于社会大背景下考察，就要辨别出影响欧盟科学技术发展的各种动因。人才外流（brain drain）、技术差距（technological gap）和欧洲悖论（European paradox）三大问题分别在不同时代困扰着欧盟科学技术的制度化，本书也会关注欧盟针对这些问题出台的政策和措施。

2. 欧盟科学技术与其他层面科技发展形式的异同

自20世纪50年代起，现代科学正逐步向跨越国家层面，进而寻求更大范围内的资源整合的方向发展，跨越或超越国家层面的科学技术实体正是现代科学发展路径和趋势的代表。这种科学技术实体与国家层面的科学之间的异同和关系是我们考察欧盟科学技术制度化的一个主要问题。

无论是对CERN还是对EMBL的研究，我们都可以看出两种层面的科学之间的交锋。CERN的成立是欧洲科学家不遗余力地说服本国政府来促成跨越国家层面的科学实体的结果，他们希望实现让欧洲的核物理研究扬名天下的愿望；EMBL的成立却并不顺利，EMBO—EMBC—EMBL[①] 的发展，

① EMBO和EMBC分别指欧洲分子生物学组织（European Molecular Biology Organization）和欧洲分子生物学会议（European Molecular Biology Conference）。

经过了12年的漫长道路，EMBL动工时的规模比原计划大幅度缩水，其中最大的问题就是如何协调和平衡本国科学与欧洲层面的科学之间的关系。

作为一个具有强烈超国家色彩的区域科学实体，欧盟科学技术尽管是一个独立的科研体系，但它不可能完全取代成员国在研发领域所发挥的主导作用。欧盟的科技行动在更多时候只是作为国家科技政策的必要补充。根据这样的局势，我们首先有必要研究欧盟科研体系的构成和运行模式，比较其与国家科研体系的异同，分析欧盟层面和国家层面科研体系的科技政策制定及运作流程、科技政策的定位、两者之间的相互影响，以及科技政策部门与科学家们之间如何有效地互动。其次，我们还将关注当前欧盟科学技术的最大实体——框架计划，研究这一计划优先发展领域的选择、计划的评估方法及核心理念，挖掘这类科学的独特特征。

随着当代科学实践的复杂性日益增加，国家干预式的科学发展形态及以欧盟科学技术为代表的超国家层面科学活动的发展都打破了常规。在欧洲，科技发展的主体形成了区域层面、国家层面和欧盟层面三足鼎立的局面，通过探讨这三个层面如何相互合作共同促进欧洲整体生物技术实力的提高，能帮助我们发现欧盟科学技术在生物技术的工业制度化进程中发挥的作用。同时，在这样一个转变中，直接从事或间接参与科学研究的群体正由科学共同体逐步向科学联合体过渡，关注这一转变也能拓宽我们研究现代科学发展形式的视野。科学哲学家托马斯·库恩（Thomas Kuhn）在他的著作中着力强调了科学共同体对科学的重要作用，他认为："常规科学和科学革命都是基于共同体的活动。为了发现和分析它们，人们必须首先澄清科学的共同体结构在历史上的变化情形。一个范式支配的首先是一群研究者而不是一个学科领域。任何对于范式指导下的研究或动摇了范式的研究所做的研究，都必须从确定从事这种研究的团体入手。"（库恩，2003）从此，科学共同体这一概念成了科学哲学、科学社会学领域的热门话题，布鲁诺·拉图尔（Bruno Latour）（Latour，1992）、大卫·布鲁尔（David Bloor）（Bloor，1991）等都曾专门研究过。我国学者袁江洋（1999）在探讨科学史学史问题时注意到了科学共同体在当今科学发展中的变化，他指出很多的跨学科研究已经没有共同的学术范式、统一的学术共同体，我们只能在较为宽泛的意义上说存在着一个较为松散的学术联合体；在此联合体内，我们可以清楚地辨识出多个价值-信念系统在同时发生作用。后来，他又把这一范畴衍生到了技术领域，提出了技术联合体的概念（吴玉辉和袁江洋，2010）。在今天的欧盟，科学家只是科学活动主体的一部分，除科学家以外，科学活动的主体还包括代表国家意志的政府、管理者、决策者、社会公众乃至私人风险资本投资者。这些人不仅直接参与实际的研发活动，而且对科技决策的制定及执行拥有巨大的影响力。欧盟层面的多层科技治理体系就突破了以往国家层面的科技决策机制，容纳了不同层面的参与者，创科技决策机制之先河。所以，我们认为科学活动只有一个主体即科学共同体的观点已显得太过简单，我们需要通过对欧盟科学技术的研究，来重新审视科学活动的多元化主体。

既然要探讨两种层面的科学，那么选取一个国家来挖掘它与欧盟科学技术之间的关系就必不可少了。无论在CERN和EMBL，还是在框架计划的制订和执行中，英国都扮演了至关重要的角色。英国的核物理研究在欧洲处于绝对领先地位，CERN的成立不能没有英国的参与；EMBL的成立之所以拖延，部分原因是英国的科学共同体对EMBL持不同意见，而后来EMBL的成立之所以成功，也是以英国科学家约翰·肯德鲁（John C. Kendrew）为首的精英科学家巧妙地利用英国政治、科学政策变革的机会而促成的；在后来的框架计划中，英国作为欧盟三大强国，在多个领域都处于优势地位，在欧盟科技政策的制定中，英国也有很大的发言权。因此，本书将以英国作为案例来分析国家层面的科学与欧盟科学技术之间的交流、互动和博弈，向读者展示两种层面的科学从激烈冲突到达成一致的真实曲折过程。

3. 欧盟科学技术与默顿界面上的及国家层面上的科学制度化的区别

制度化研究源于宗教研究，宗教是最先制度化的人类事业之一。科技的制度化有不同的角度，有从整体层面对某个学科展开的制度化研究，有国家层面的科学制度化过程，有科学在工业界中的制度化，同时还有更高阶段的诸如欧盟科学技术这一层面的区域化、局部的科技制度化。

关于学科的制度化，学者们曾作过专门的分析。根据爱德华·希尔斯（Edward Shils）的观点，学科的制度化意味着从事此项学术活动的人们之间存在着相对密集的互动（tense interaction）；而这种互动是有结构的，互动越是密集，互动结构中的权威机构在处理种种学术事务（包括学术评价、认同、晋升、分配-奖励等）时就越有发言权。要使学术活动实现高度制度化，则需要建立相应的教育与管理组织；同时，还需要得到外部的支持，需要使该领域内的成果为外部所接纳或运用。当然，学术活动也可以在较低层次上实现不充分的制度化（袁江洋和刘钝，2000）。阿诺德·萨克雷（Arnold Thackray）与罗伯特·默顿（Robert Merton）对学科制度化的步骤进行过研究，他们认为学科的制度化指处于零散状态且缺乏独立性的一个研究领域转变为一门独立的、组织化了的学科的过程（Thackray&Merton，1972）。

这一制度化过程主要涉及专业化与职业化两个环节：学科的专业化，主要指学科的参与者们通过构建研究纲领和有效的范例来寻求知识界的内部认同，即完成自身在知识系统内的社会身份与社会角色制度化的过程。对于现代科学而言，其专业化进程主要完成于 17～18 世纪，其标志是以英国皇家学会（Royal Society）为代表的一系列科学机构和科学团体的出现，以及相应的专业科学家群体的形成。学科的职业化，主要指一个学科寻求社会承认并给予制度性的支持和资助，即完成自身在整个社会系统内的社会身份与社会角色制度化的过程。对于现代科学而言，这一过程主要完成于 19 世纪末期至 20 世纪中期，其标志是科学对经济、军事等社会部门的促进作用得到普遍认同，科学家的工作受到社会大众的普遍尊重，国家、企业及其他组织或个人对科学研究的制度化资助渠道得以建立，特别是法兰西科学院（Institut de France）、威廉皇帝研究院（Kaiser Wilhelm Gesellschaft）等由政府资助的国家科研机构在各国先后成立。其中，各国国家科研机构的成立更标志着科学制度化的一个更高的发展阶段，即科学国家化阶段。

当科学的专业化和职业化在世界各国都完成时，科学的国家化也就基本确立，科学的制度化研究受到了广泛关注。关于科学制度化的研究与 20 世纪科学社会学的兴起有莫大关联。默顿（2000）在《十七世纪的英格兰的科学、技术与社会》一书中详细论述了 17 世纪英格兰科学取得的迅速发展，英格兰人对科学日益感兴趣成为科学制度化形成的基本条件之一，他还在科学社会学研究中对科学活动的规范机制（如普遍性原则、公有性原则、无私利性原则和有条理的怀疑）和动力机制（如科学界的奖励系统、沟通系统、评价系统等）进行过系统分析（默顿，2003）。日本著名科学史家广重徹（1928～1975 年）也曾提出了“科技体制化”的概念；他以“科学、产业、国家的一体化”定义“科技制度化”，将之视为科技制度化（institutionalization）的一个新的阶段，并利用这个概念来考察日本科技史（广重徹，1974）。

科技的制度化进程走到国家化这一阶段并未结束。欧盟科学技术的制度化向我们展现了这样一个重要现象——科技正向超越国界的制度化发展，但是这种二战后繁荣兴旺的超越或跨越科学技术系统现象常常被作为类似于国家科学的东西看待、处理。从科学技术制度化研究的角度来看，欧盟科学与国家科学这二者的制度化进程无疑不在同一个制度化层面上，前者是在后者的基础上发展起来的，其制度化进程可能要求更多、更为严格的制度化条件，不但包括科学技术方面的条件，也包括国际国内政治、经济和文化条件，且这些条件并不是固定不变的。此外，由此而导致的跨国家或超国家科学技术系统虽然在某些性质上类似于但在另一些性质上却又有异于国家科学技术系统，因而不宜简单地看作是某种放大了的国家科学技术系统，也不宜单纯地理解为国家之间的科学技术合作。

在欧盟科学技术的制度化进程中，它的发展疆域不断扩充，制度化边界不断拓展。CERN 作为欧盟科学技术制度化的始端，它以自上而下的方式实现了其制度化进程，CERN 的构想如何成为现实、成立以后如何运作是非常重要的问题。从 CERN 的组成人员和论文合著两方面着手来讨论 CERN 的形成和成立之后的运作机制，我们可以判断这一机构与默顿提出的科学的普遍性、公有性、马太效应等原则有何异同。把 CERN 的组成人员画成一幅网络分布图有助于判断 CERN 是否作为一个平台，促进了不同学术传统之间的交流互动，使它们成为具有共同目的和宗旨，并恪守一定规范的科学共同体；其次搜集 CERN 在开始运作后发表的论文数及合著形式，寻找 CERN 运作机制的改革效果，并希望通过对一个大型科学联合体的具体分析，分析 CERN 在融合不同层面、不同背景的科学家时所发挥的作用。

与 CERN 相比，EMBL 的制度化进路则完全相反，其是由欧洲的核物理学家提出的，欧洲的分子生物学家通过自身的努力，走过了学科自主性的坎坷之路。约瑟夫·本-戴维（Joseph Ben-David）指出一门学科单是组织机构的制度化是不够的，制度化的最终实现必须建立在科学家活动的自主性上，并在保证自主性的前提之下，建立该学科的共同研究纲领、研究对象，并对该学科的研究范围做具体的界定。而 EMBL 的历程也伴随着欧洲分子生物学学科范式的创立。这一跨越国家层面的科学实体的制度化进程是否对分子生物学学科范式的确定有所影响也是我们所关注的问题。而后来对生物技术在工业领域的制度化研究更加体现了在跨越国家层面上保证学术自主性和学术研究纲领的重要性，如果工业领域内的创新活动人为干预过多，不尊重科学研究纲领之间的优胜劣汰，则会导致整个工业领域发展的方向性偏差，造成极大的资源浪费。

进入 20 世纪 80 年代以后，欧洲层面的共同科技政策全面执行。欧盟在制订欧洲层面的框架计划时的定位与国家层面的科技政策制定也有很大的不同，框架计划不仅要增强欧洲在国际的科技竞争力，而且也应当有助于增加就业和缩小地区差距，通过加强成员国间的经济社会趋同，以实现欧盟的长期可持续发展。欧盟的科技政策制定在 21 世纪到来时又上升到了更高的层面：将科学技术与经济效益结合在一起，形成创新政策，提高欧洲的产业竞争力，增加就业率。所以，欧盟科学技术的制度化进程在21世纪到来后所显示出的独特特征也是我们需要关注的。

总之，以往对欧盟科技发展的研究要么侧重于从科技政策的角度单纯研究欧盟科学技术现有的发展状态和未来走向，要么从历史学的角度陈述欧盟科学技术发展的一个个事实。这些工作为我们提供了欧盟科学技术发展的基本脉络，却未触及这一新兴科学技术发展形式的本质和内涵，本书则要从制度化角度对欧盟科学技术进行深度挖掘。

二、欧盟科学技术的基本分析维度

在对欧盟科学技术的制度化进程做哲学、社会学和历史学方面的思考时，我们发现以下几个基本维度对分析欧盟科学技术的独特特征具有非常重要的作用。

1. 欧盟科学技术发展形式：超国家层面和跨国家层面两种形式并存

从欧洲煤钢共同体（European Coal and Steel Community，ECSC）成立至今，欧洲一体化进程已经达到了前所未有的高度，不同领域的学者们都在努力分析这一制度化进程的运作机制和未来走向等问题。对于欧洲一体化的性质，学术界一直存在跨国层面和超国家层面两种不同的理论层面的解释。以安德鲁·莫拉维克斯克（Andrew Moravcsik）为代表的自由的政府间主义（liberal intergovernmentalism）是用跨国家层面解释欧洲一体化进程的代表，莫拉维克斯克认为，“欧盟成员国在一体化进程中最关注的是国家主权问题，欧洲共同体特殊的制度结构只有在它能够加强而非削弱成员国政府控制国内事务的条件下，才能被他们所接受”（Moravcsik，1993）。他完全否定了欧盟超国家机构的作用，认为欧盟机构只具有“工具”的性质，用以提高国家间交易的有效性。历史制度主义（historical institutionalism）的代表人物保罗·皮尔森（Paul Pierson）则认为，欧洲一体化进程是以超国家层面的发展形式进行的，他批评政府间主义过分夸大了成员国对欧盟的控制，并认为一体化进程的确削弱了成员国的主权。

纵观欧盟科学技术发展60余年，这两种形式也贯穿其历史进程的始终。在欧盟科学技术发展之初，跨越国家层面的科学实验室及科学实体是主流的发展形式。二战后，以法国和德国为代表的欧洲国家迫切希望联合欧洲共同的力量让欧洲科学家重返科学巅峰，因此以CERN、欧洲南方天文台（European Southern Observatory，ESO）为代表的一系列以欧洲各国为主要成员国，同时也包含了美国、南斯拉夫等不同政治色彩参与国的跨国科学组织纷纷建立。相比之下，超国家层面的科技研究只是零散地分布在超国家层面的政治经济机构中，欧洲原子能共同体（European Atomic Energy Community，EURATOM）的联合研究中心（Joint Research Centre，JRC）成为当时超国家层面科研活动的主体，但它所占的份额和影响力微乎其微。虽然以 CERN 为代表的欧洲跨国组织跟其他的国际合作组织并没有太大的不同，但是 CERN 的成功让身在其中的科学家们心中有了欧洲主体意识，也让他们看到在欧洲，只有欧洲层面的科学组织能突破国家的界限，完成在单一国家无法实现的梦想。也正是凭着这股热情，尝到欧洲科学联合成功滋味的欧洲核物理学家极力倡导建立更多的类似的实验室，因此欧洲空间研究组织（European Space Research Organization，ESRO）、欧洲航天发射器发展组织（European Space Vehicle Launcher Development Organization，ELDO）和欧洲北方天文台（European Northern Observatory，ENO）应运而生。

从 20 世纪 70 年代后期起，欧洲一体化进程大步向前迈进，为超国家层面的科学发展提供了契机，以欧共体下属的框架计划为主体来制定和执行研究政策的超国家形式的科学活动逐步壮大。框架计划虽然是超国家科学实体，但它其中的很多理念都延续了以 CERN 为代表的跨国科学组织的精神，逐渐成为欧盟落后成员国科技战略规划和科技政策制定中举足轻重的角色。这一阶段，跨国层面的科技发展速度相对减缓，产生于欧共体后来却独立发展的科学技术联合委员会（Scientific and Technological Cooperation，COST）以形式灵活、步骤简单的特点受到广大科学家的青睐，尤里卡计划（EUREKA）则以技术应用为主要发展方向填补了研发框架计划的空白，广受工业企业界欢迎。

需要强调的是，欧盟科学技术向前推进的每一步，都离不开与以美国为首的世界其他强国的竞争和合作。为了在美国和苏联的夹缝中寻求生存，欧洲科学家才提出了建立 CERN 的想法。在面临美国及日本强大的竞争时，欧洲各国在不停地反思自身的发展方向后，才提出了人才流失、技术差距和欧洲悖论这几个一直困扰欧洲科学技术发展的瓶颈问题，解决这些问题成为推动欧盟科学技术前进的动力。但是，欧洲的科技发展又离不开美国的帮扶，无论一开始跨国层面的科学机构的建立，还是到框架计划中优先发展领域的制定，都是与美国交流合作的产物。

可以说，超国家层面和跨国层面“两条腿”走路的状态是世界政治经济变化及欧洲一体化进程的客观因素造成的。虽然，目前的欧盟科学技术是以超国家层面的科学实体为主要形式，但是我们在谈到欧盟科学技术的历史时必须把跨国层面的科学组织包含在内，毕竟这些组织与现在的超国家实体是一脉相承的，没有这些跨国组织提倡的欧洲联合精神，没有这些跨国组织对欧洲科学联合形式进行的初步探索，就不会有后续超国家实体的大踏步前进。本书将对欧盟科学技术的历史进程和制度化动因做细致的描述，并突出不同时期跨国家和超国家的发展态势，以及这两种形态的特征。

2. 欧盟科学技术发展层次：区域、国家与跨国家-超国家三个层面

当科学技术发展上升到国家及以上层面时，政府要为科学研究投入巨资，但即便如此，科研资源还是有限的。因此，从欧盟科学技术诞生之时就出现了国家科学与跨国家-超国家科学相互博弈的关系，两者之间的互动关系因不同的学科、不同的时代背景为我们展示了风格迥异的画面。二战后，欧洲的核物理发展背后附带着明显的政治色彩，以核物理、航天为代表的“大科学”，需要耗费巨大的人力、财力和物力，实力比较弱的欧洲小国无法举一国之力来完成，跨国家-超国家的科学发展形式成为首选；而以生物学、信息技术为代表的“小科学”，国家可以负担其研发投入而且其发展又会对国家的经济命脉产生重大影响，跨国家-超国家的科学发展形式就会困难重重，需要有意于发展跨国家-超国家层面科学的倡导者和推动者发挥自己的智慧，巧妙利用各种契机，联合其他人共同将这项事业向前推进。无论哪一种学科，国家科学与跨国家-超国家科学中所体现的科学精神、科学规范、科学知识生产方式及科学活动规律都有所区别。

而到了 20 世纪 90 年代，区域层面的科学发展作为一股新兴力量异军突起，现在已引起大家的普遍重视。尤其在知识社会时代，以生物技术集群为代表的区域层面的科学发展具有灵活、转型快、应用性强的特点，可以迅速将科学技术转化为生产力，直接提高一个国家的科研实力、就业率，拉动经济增长。如今，以区域层面的科学发展为科研原动力，国家科学和跨国家-超国家的科研系统为其提供宽松自由的发展环境越来越成为当今科学发展和科学知识生产的新趋势。在这种趋势下，我们也有必要理清这三个层面的整体架构及它们之间的相互关系，尤其是我们所关注的国家和跨国家-超国家层面。国家层面的科研系统讲究效率，希望通过科技政策的有效制定和执行来提高一个国家总体的竞争力；而跨国家-超国家层面的科研系统在顾及效率的同时，必须把公平放在首位。分析这两种科研体系中科技决策的制定流程、执行过程及科技政策的定位，不仅可以使我们对这两种复杂的科研体系有明确的认识，并且能准确把握欧盟科学技术这一新兴科学实体对各成员国

科研体系的影响。

总之，在分析欧盟科学技术的发展时，需要勾勒出欧洲整体的科学发展状态，并区分区域、国家和跨国家-超国家分别扮演什么样的角色，它们又分别为科学发展做出了什么样的贡献。本书将分别在区域层面选取生物技术为例，在国家层面选取英国为例，在跨国家-超国家层面选取 CERN、EMBL、框架计划及超国家科研系统为例对以上几个层面做出分析，并研究三个层面之间的互动、交流和竞争。

3. 欧盟科学技术发展方向：科学研究—技术研发—创新活动

科学不单是一种智力上的探索活动，也是一种社会性的文化过程。学者的探索动机、价值取向对于学者个人的成长、学术团队的形成和整个国家乃至超越国家层面科学事业的发展都有着极其重要的影响。学术研究的价值取向分为两种："为求真理而认识"的理想主义价值观和"为求实用而认识"的功利主义价值观。大部分科学哲学家都持有这种观点，拉瑞·劳丹（Larry Laudan）说，传统上，为科学研究所做的辩护有两个方面：一方面强调人对真理的追求是科学研究的推动力；另一方面，科学在改善生活的物质条件方面有巨大的实用价值（Laudan，1993）。从西方科学的发端时期，以亚里士多德为代表的哲人就确立了基于对宇宙万物的好奇而生成的求知传统，而近代科学诞生以来，功利主义在西方科学的发展中逐渐占据了主导地位。这两种科学研究的价值取向后来被广泛应用于科技政策领域。美国总统富兰克林·罗斯福（Franklin Roosevelt）的战时科学研究发展局局长万尼瓦尔·布什（Vannevar Bush）① 把科学研究分成以下几种主要类型：纯粹科学研究、背景研究和应用研究与开发。虽然科学研究的分类没有达成共识，但人们通常还是把科学研究活动大体分为基础科学和应用科学这样两个典型类别。

欧盟科学技术的发展大体也可以根据以上描述划分为几种类型。在欧盟科学技术的初始阶段，尽管掺杂着复杂的政治军事背景，但跨国层面的科学研究组织仍然保持了基础研究的特点，不产生社会经济效益和军事影响的纯科学研究是各国科学家能站在同一个平台联合研究的前提，求知成为当时科学合作的主要目标；当超国家层面的科学实体大力发展时，其组织者和倡导者必须为其辩护，整合欧洲整体的研究实力从而将缩小与美国的技术差距作

① 万尼瓦尔·布什，美国著名科学管理者，发表了《科学：没有止境的前沿》（*Science：The Endless Frontier*）。自 1945 年发表以后，这部著作便成为无数研究、报告、分析、解释和评论的主题，有人甚至把它比作科技政策的《圣经》。它不仅对战后至今美国的科技政策产生了深远的影响，而且对世界上其他国家的科技政策也产生了重大影响。

为超国家层面科学发展的方向，此时主要提倡欧盟科学技术的致用目标，大力发展技术研发活动；从 20 世纪 90 年代中期起到 2000 年“里斯本战略”的提出都把创新，也就是科学技术在经济活动中的应用，提高到了战略高度，强调科学技术对经济，尤其是对就业率的贡献。此时，科技政策的制定不再单纯是国家政府的职责，而是由欧盟牵头，以不同政府官员、科学家、工业企业界代表等多方角色共同参与的决策体构成的多层科技治理模式。科技研发活动也不再仅仅是公共科研机构或工业试验室的责任，而是政府管理机构、财政系统、教育机构等社会各个领域共同为科技的工业化应用而努力的宏伟事业。

因此，本书选取不同阶段具有典型性特征的学科领域，以核物理、分子生物学、生物技术及生物技术的工业化应用为主线，反映欧盟科学技术一体化进程中的科学研究—技术研发—创新活动这一脉络的发展。

三、本书研究内容

本书共分为十一章：引论部分主要概述本书的研究视角、基本分析维度、研究内容；第二章探讨欧盟科学技术制度化进程中的动因；第三章探讨以跨国层面的科学实验室和超国家层面的科学发展实体为主导的欧盟科学技术制度化形式的概况；从第四章起分别以 CERN 和 EMBL 作为案例，分析跨国层面科学实验室的独特特征；第七章以框架计划为代表说明欧盟超国家科学实体的历史演变、基本特征及核心理念；第八章以生物技术为案例说明一门学科在欧洲的发展状态及欧盟对这一学科的影响力；第九章说明欧盟科学技术系统的运作形式、各成员国的科研系统的特点和两种科研体系的相互影响；第十章以英国作为国家科学的代表，诠释成员国在欧盟科研体系中所扮演的角色，以及国家科学与欧盟科学技术从矛盾重重到协商一致的艰难路程；最后，在前面几章的研究分析基础之上，总结归纳本书的基本观点和结论。

第二章

欧盟科学技术制度化进程概况之一

——欧盟科学技术制度化动因

欧盟科学技术的发展已经走过了60多年的道路，它作为一个科技发展的新兴模式从初生之时就受到了各路研究者的普遍关注。专门研究欧盟科学技术的文章汗牛充栋，有的学者从政策史的角度来描述欧盟科技政策随着时代变迁而发生的变化，有的学者则从科技史的角度探讨欧盟科学技术在二战后的发展历程。在欧盟科技发展的过程中，有三个问题产生了重大的影响。本章把欧盟科学技术的发展置于世界政治经济变化及欧洲一体化进程的大背景之中，讲述推动欧盟科技发展的人才外流、技术差距和欧洲悖论三个关键问题，最后展现欧盟科学技术制度化进程的总体脉络。

一、欧洲一体化的初生与人才外流

经历二战洗礼的欧洲，满目疮痍，百废待兴。战争结束后，欧洲人突然发现整个世界的秩序已经完全变了：美国和苏联成为全球两个超级大国，曾经统治世界的欧洲时代结束了。无论是以英国和法国为代表的战胜国，还是德国和意大利这样的战败国，都沦为了世界二流国家。

1. 欧洲一体化的初生（1945～1969年）

此时，欧洲面临着政治、经济、安全和意识形态方面的重重危机。政治上，共产党在反法西斯战斗中表现英勇，在西欧人民中的威望急剧上升，各国共产党的势力急剧壮大，对执政党造成了极大的威胁。严重的经济衰退也加重了人民对政府的不满，很多人寄希望于共产党作为执政党成员中的新兴力量改变现状。因此，共产党成为二战后西欧政治舞台上不可忽视的重要力量。法国共产党在二战后的历次选举中得票率都在25%以上，法国、意大利、比利时和丹麦政府直到1947年都有共产党派系的部长；相比于政治格局而言，西欧的经济形势更为严峻。战争几乎耗尽了各国的黄金储备，且人员伤亡严重，西欧的大片土地成了废墟，二战后的自然灾害更让这种情况雪上加霜。1946年夏季漫长的雨季导致农作物歉收，冬季特大暴风雪造成交通瘫痪带来能源供应危机，各国经济屡遭寒霜，接近崩溃；在国家安全方面，在如何处理战后德国这一问题上西欧各国存在分歧，为了防止东欧苏联阵营的扩张，英国响应美国的号召积极推动重建西德。而以法国为代表的其他欧洲国家汲取两次世界大战的教训，担心德国复兴后军国主义的复兴，他们考虑把德国控制在一个联合体中，似乎是一个可行的办法。西欧各国在政治意识形态上倒是不谋而合，一致把苏联的崛起视为最严重的威胁。二战后，苏联拥有强大的军事力量，成为超级大国。西欧各国发现任何一个独立的西欧国家都无法与苏联这个军事强国相抗衡，而美国又大幅度削减了欧洲驻军，于是他们想到了联合各国的力量保证自身安全。

为了摆脱上述的种种困境，西欧及美国积极采取了各种行动。为了抗衡苏联、防止共产主义势力在欧洲的进一步渗透，以及挽救西欧经济，美国提出了欧洲复兴计划（European Recovery Program），俗称马歇尔计划（Marshall Plan），该计划于1947年7月正式启动。为了贯彻马歇尔计划，英国、法国等18个国家根据1948年4月16日通过的《欧洲经济合作公约》成立了欧洲经济合作组织（Organization for European Economic Cooperation，OEEC）①。该组织设有部长理事会，下设执行委员会，主要目的是确保各成员国实施美国财政援助，促进欧洲的经济合作，为欧洲复兴做出贡献。在这段时期内，美国通过金融、技术、设备等各种形式，总共为西欧各国提供了合计130亿美元的资金支持。

西欧的经济联合带动了政治联合的步伐。当美国、法国和英国决定将三国在德国的势力范围进行合并，形成一个西德国家时，当时的法国外交部部长罗伯特·舒曼（Robert Schuman）就提议尽快建立一个西欧政治组织来控

① 1961年9月30日，欧洲经济合作组织改组为经济合作与发展组织（Organization for Economic Co-operation and Development，OECD）。

制即将出现的联邦德国。以法国、比利时、荷兰和卢森堡为代表的西欧十国经过反复磋商，于 1949 年 5 月 5 日正式成立了欧洲理事会（European Council）。当时的欧洲理事会由咨询议会和部长理事会两部分组成，咨询议会由各国议员组成，但不代表各自的国家，而是代表欧洲公众的各种意见。议员们根据政治见解逐渐组成跨国的议会党团，而不是各国的代表团，这种安排方式和一般的国际组织不同。部长理事会对一切重大问题的决议都需全体一致通过，但事实上这些决议不一定会实施，因为执行权仍牢牢掌握在各国政府手里。

欧洲在过去数百年里一直是地球上的杀戮战场，近 100 年更一手主导了人类史上最血腥的第一次世界大战（简称一战）与二战，分别造成了两千万人和六千万人死亡。欧洲战乱的一个基本根源在于法国和德国之间关于煤和钢这两种资源的争夺。二战后，法国外交部部长舒曼认为，唯有促成欧洲的统一才能持续发展欧洲各国的经济，化解德国与法国之间的仇恨与冲突，并且维持欧洲大陆的永久和平，欧洲各国之间的联合必须建立在法德两国的对抗与敌意消失的前提之下。因此，舒曼构建了一个舒曼计划（Schuman Plan）①，提议建立一个超国家的机制，向所有的欧洲国家开放，共同管理发动战争所必需的重要能源物资，进而达到欧洲整体的和平。在以法国为代表的欧洲各国共同努力下，法国、联邦德国、意大利、比利时、荷兰、卢森堡六国于 1951 年签订了条约，并于次年成立了第一个欧洲层面上的超国家权力机构——欧洲煤钢共同体。欧洲煤钢共同体的成立意味着属于民族国家主权范围的事务决定权历史性的第一次让渡出来交由超国家层面的组织决定，成为现代欧洲各国互动之典范。

受美国总统德怀特·戴维·艾森豪威尔（Dwight David Eisenhower）《原子能为和平服务》（*Atoms for Peace*）演讲和日内瓦召开的第一次和平利用原子能国际会议的影响，以及在欧洲煤钢共同体的带动下，欧洲煤钢共同体的原创始国于 1957 年签订了《罗马条约》（*The Treaty of Rome*），创立了欧洲经济共同体（European Economic Community，EEC）和欧洲原子能共同体。1965 年 4 月 8 日，上述三个共同体通过《布鲁塞尔条约》统一起来，统称欧洲共同体。

---

① 1950 年 5 月 9 日，法国外交部部长罗伯特·舒曼在法国外交部驻地奥赛码头（Quai d'Orsay）时钟沙龙（Salon de l'Horloge）的一次记者招待会上公布的一个计划，在这个计划中他建议将德国与法国的煤和钢铁生产融合到一起。

2. 人才外流

直到 20 世纪 50 年代，欧洲的政治和经济一体化进程开启以后，两个不同群体的成员开始为欧洲整体的科技发展摇旗呐喊。

欧洲的科学共同体对战后欧洲科技发展的持续低迷深感忧虑。由于战争原因，欧洲大批顶尖科学家移民美国。而在战后，资金匮乏和实验设备短缺又导致欧洲的青年科研人员大量外流。英国皇家学会出台的一份在当时引起欧洲广泛热议的报告中首次将这种高层次人才移居国外的现象定义为“人才外流”（Royal Society，1963）。该报告发现，1952～1961 年，英国共培养了约 8537 名博士毕业生，其中至少有 1136 人毕业后移居国外从事研究工作，比例达到了 13%。而在英国一流大学的热门专业培养的顶尖人才中，这一现象更为严重。剑桥大学应用数学与理论物理系的一位教授在《泰晤士报》中讲述了他所在系的情况：当年，该系共有 10 名核理论物理专业的毕业生，其中 2 人已经在美国，至少有 5 人毕业之后将去美国。虽然有的学生只是暂时去美国访学，但他们未来是否回英国则取决于英国将采取什么样的措施挽留他们（Cooper et al.，1963）。同时，这份报告也分析了欧洲其他国家的情况，英国皇家学会发现在意大利和其他欧洲小国，科学家外流现象更为严重，这些国家的学生从中学起就开始学习英语，日后他们想去美国或加拿大工作更容易，不存在语言沟通障碍。

各国政府，尤其是美国政府，认为控制能源并发展能源相关的基础研究是保证欧洲政局稳定的关键因素。在美国研究发展委员会主席布什的建议下，欧洲复兴计划把帮助欧洲恢复科研实力也作为一个主要目标。他们认为科学援助不仅可以向欧洲输入美国价值观，建立以美国为领导的北大西洋联盟，而且可以通过强化西欧联盟共同遏制苏联的影响及共产主义势力的扩张（Krige，2006）。为了避免军国主义和共产主义膨胀，同时又与欧洲复兴计划中要求的西欧各国联合的条件相吻合，美国与法国等欧洲各国政府一致同意对战后欧洲科学复兴的定位就是支持能源类的基础研究。

二、欧洲一体化的停滞与技术差距

在欧洲的一体化进程中，法国的态度始终非常关键。在法国总统夏尔·安德烈·约瑟夫·马里·戴高乐（Charles André Joseph Marie de Gaulle）在任期间，奉行国家利益至上的原则，坚决维护法国的国家主权，导致他在任期间欧洲共同体的发展受阻。直到 1969 年 4 月 28 日戴高乐自动引退，欧洲一体化的进程才重新开启。但是总体而言，1970～1985 年，欧共体成员国在政治、货币、经济等领域的合作方面虽然没有重大突破，但也取得了一些进展。

1. 欧洲一体化的停滞（1970～1985 年）

在这 15 年间，欧洲政治一体化最大的贡献在于以英国、丹麦、爱尔兰、葡萄牙、希腊和西班牙为代表的六个国家加入了欧共体，其中以英国加入欧共体最为波折，也最具有重大意义。英国一直以“日不落”帝国自居，战后虽然国家总体实力下降，但是仍然奉行温斯顿·伦纳德·斯宾塞·丘吉尔（Winston Leonard Spencer Churchill）爵士的三环外交策略：第一个环是英联邦关系，第二个环主要是英美的特殊关系，第三个环是联合起来的欧洲（丘吉尔，1977）。英国在战后依旧自认为是同美国和苏联并列的第三个超级大国，因此更加重视前两个环，一直把英联邦关系和英美关系当作支撑其外交政策的基础。然而，这样一组事实使英国意识到欧洲联合的优势：1958～1971 年，GDP 英国增长了 43%，而欧共体增长了 98%；GDP 年均增长率英国为 2.8%，而欧共体为 5.4%；1960 年，英国的生活水平高于任何欧共体国家，到 1970 年却低于意大利之外的其他五国（Dedman，1996）。经济实力的下降使英国外交政策的这两个传统基础开始发生动摇。于是，英国希望在欧共体制定将对其产生重要影响的欧共体农业政策之前，改变以往的外交政策制定方针，成为欧共体的成员。

1961 年 8 月 9 日，英国正式申请加入欧洲经济共同体。当时，英国因为经济利益和政治利益申请加入欧共体，但是英国并没有放弃三环外交的方针，在申请加入欧共体的同时，仍然极力加强英美特殊关系及同英联邦的经济纽带。1962 年夏天，美国总统约翰·肯尼迪（John Kennedy）大论大西洋“宏伟意图”后，英美签署有关“多边核力量”的《拿骚协议》。而法国总统戴高乐此时仍坚持法国对美国和北约的独立性，因此认定英国是美国在欧洲的“特洛伊木马”。这种难以妥协的政治立场致使法国不顾欧共体其他五国的态度，坚决地否决了英国的申请。1967 年 5 月，英国政府再次提出加入欧共体时，戴高乐以英国还没有做好准备为理由，第二次否决了申请。戴高乐抵制英国，其本质是在抵制美国。戴高乐坚持法国对美国的独立政策，因此只要英国坚持与美国的特殊关系，法国就抵制英国成为欧共体的成员国。1969 年，戴高乐总统以 75 岁高龄自动辞职之后，新任总统乔治·让·蓬皮杜（Georges Jean Pompidou）提高了西欧政治合作在法国政府中的地位，弱化了国家利益的影响，欧共体的一体化进程开始深入。1969 年 12 月，欧共体海牙首脑会议确定了“建成、深化和扩大”的新行动纲领，为其他欧洲国家加入欧共体打开了通道。

1970 年，英国首相爱德华·希斯（Edward Heath）上台后立刻抓住了海牙首脑会议的有利时机，第三次申请加入欧共体，终于获得批准。此时，德国的经济快速发展，恢复了西欧经济强国的地位，法国希望利用英国平衡德国的实力和影响。欧共体其他成员国也希望英国的加盟能提升欧共体的科技实力，能在新一轮的高科技产业竞争中与美国抗衡。正是在英国和法国这种政治关系的长期影响下，EMBL 历经 12 年的坎坷，终于借助英国加入欧共体的契机于 1974 年成立。

总体而言，欧共体在 1970 年后的 15 年内，除了上述的政治层面的扩张外，经济等其他领域的工作并无大的进展。而世界的政治经济格局却发生了新的变化，美国和苏联之间的政治对抗局势较以往有所缓和，世界各国都更加注重经济实力的增强。日本在这一方面的表现尤为突出，经过近 30 年的发展已经一跃成为足以同美国相抗衡的经济体。相比于日本咄咄逼人的发展态势，欧洲的经济却呈现出疲软状态。1973 年，世界经济危机的爆发结束了战后西欧经济快速发展的繁荣局面，到 20 世纪 80 年代中期，西欧各国的经济发展低迷。1958～1971 年，欧共体的 GDP 年均增长率为 5.4%，1981～1986 年仅为 1.5%。欧共体的一些主要经济指标明显落后于美国和日本，无法与亚太地区蓬勃发展的经济相比。1983 年之后，欧共体经济开始回升，低速平稳增长。1983～1986 年，除了英国外，欧共体其他国家的 GDP 年增长率普遍低于美国和日本（朱正圻，1993）。面对欧洲的发展颓势，经济一体化被认为是摆脱困境的出路，欧共体的有效运转符合欧洲各国的利益。一体化进程的加速意味着欧洲各国政府要把一部分权力移交给欧共体，但它们又担心超国家机构的决定会损害国家利益。但是，越来越多的欧洲人认识到，只有进一步推进一体化进程，扩大经济、科技、政治合作，才能改变欧洲整体的不利处境，迎接世界范围的经济、科技挑战。

2. *技术差距*

第三次科技革命的浪潮席卷全世界，西欧同美国、日本之间又展开了新一轮的竞赛。这场竞赛不是武器为主的军事力量的抗衡，也不是石油、煤和钢铁为代表的能源较量，而是创造力和技术型人才的竞赛，但是欧洲现在面对的这场竞争却更加残酷。让-雅克·塞尔-施雷伯（Jean-Jacques Servan-Schreiber）首次在《美国的挑战》（*The American Challenge*）一书中指出欧洲技术发展的欠缺（Servan-Schreiber，1969）。随后，经济合作与发展组织针对西欧各国与美国的技术差距发表了一系列报告，经过综合调研提出了技术差距的概念。报告认为这种技术差距不仅仅是数量上的，更多地体现在新技术领域及技术的生产方式上。在计算机、航空等二战后兴起的引发全世界经济和社会革命性变化的领域中，美国的技术实力遥遥领先，欧洲望尘莫及。撰写调研报告的某些专家认为这种技术上的差距归根结底是管理上的差距，教育系统中严格的等级结构及培训计划有限的覆盖面导致欧洲缺乏顶尖的创造型人才。美国人在调侃欧洲大学的特点时经常说："欧洲的大学教授离上帝很近，却与自己的学生离得很远。"（Knoppers，1970）

面对美国咄咄逼人的发展态势，欧洲引发了一场关于如何缩小这种技术差距的争论，政府官员、新闻舆论、科学家和普通民众议论纷纷。当时，欧洲各国政府试图通过以下三种方式来应对：第一种方式是鼓励那些已经在欧洲共同市场中获利的美国公司继续开拓新市场，然而这种方式会导致美国在西欧再建立一个经济帝国，欧洲各国最终可能丧失自己的主权；第二种方式是放弃本国相对薄弱而研究费用昂贵的研发领域，转而从美国购买技术或美国已有的技术产品，这种方式会使美国和西欧国家之间的技术不平衡的现象更加严重，也是一种不健康的发展方式；第三种方式是彻底闭关锁国，把美国的投资、工业家们拒之门外，而这种方式只会造成彼此之间的技术差距继续拉大。

上述三种方式都表现出欧洲各国政府应对美国威胁的无力，这让欧洲人把目光转向了欧共体，寄希望于联合欧洲各国共同的力量来集体应对。以前，欧共体似乎没有意识到这种技术差距的危险性，在欧洲共同市场成立之后，欧洲市场基本上是美国人的天下。如果欧洲共同市场仍然仅仅是个自由贸易区，不能获得更多的政治经济一体化制度支持的话，那么未来的15年，仅次于美国和苏联的世界第三大工业力量，不是欧洲，而是地处欧洲的美国工业。虽然欧洲人没有立刻意识到这一点，美国人却很快发现了这片乐土。一位在法兰克福开工厂的美国工业家说："《罗马条约》是欧洲出台的最好的政策，正是这一条约把我们美国人带到了这里，我们非常高兴。我们在这里赚钱，而且我们将会赚更多的钱。无论《布鲁塞尔条约》是否有进展，这里的商业和工业前景都要比美国本土更好，更适合我们。"（Servan-Schreiber，1969）

三、欧洲一体化的飞跃与欧洲悖论

虽然在20世纪70年代，欧共体就提出了要建立共同市场，可各种壁垒仍然存在，《罗马条约》中生产要素自由化的目标仍未实现。为了促进经济增长，创造就业机会，增强国际竞争力，欧共体各成员国在这段时间内采取共同行动，以改变一体化合作徘徊不前的局面，充分发挥共同市场的潜力。

1. 欧洲一体化的飞跃（1985年至今）

1985年12月3日，欧洲理事会在卢森堡通过了《单一欧洲法令》(*European Single Act*)，作为《罗马条约》的附件。《单一欧洲法令》是对《罗马条约》的第一次重大修正和补充，重申成员国将"它们国家间的整个关系转化为欧洲联盟"的决心，从法律上确定了统一市场的目标：争取在1992年把欧洲建成一个没有内部边界的商品、资本、劳务和人员自由流通的统一市场。统一市场的建设有利于生产的专门化和规模化，促进成员国经济繁荣，增强欧洲同美国、日本抗衡的竞争力，因此各成员国都积极支持。其中，货币一体化的相关法令最引人注目，《单一欧洲法令》提出将欧共体经济货币政策的协调朝经济货币联盟的方向发展，这为经济货币联盟建设提供了法律前提。

在欧洲统一市场建设进展如火如荼的时刻，世界政治格局也在发生重大变化。东欧剧变、德国统一、苏联解体、雅尔塔格局彻底瓦解，这些变化促使欧共体成员国为维护共同利益，加快欧洲一体化进程。欧共体成员国首脑于1991年12月9日在荷兰的马斯特里赫特（Maastricht）开会，经过争论和妥协，终于通过了《马斯特里赫特条约》(*Maastricht Treaty*)，欧盟由此成立。《马斯特里赫特条约》确立了经济货币联盟、共同外交与安全政策和司法与内务合作是欧盟的三大支柱①。成员国把更多领域的管理权，如环境保护、工业战略、卫生、教育、研究与发展、文化等领域，转让给欧共体机构，这标志着欧共体开始从经济实体向政治实体过渡，成为欧洲一体化历史上质的飞跃、里程碑式的发展。

此时，欧盟扩张也势在必行。1994年3月，欧盟与奥地利、芬兰、瑞典、挪威四国分别达成协议。1995年1月，奥地利、芬兰、瑞典三国正式成

① 经济货币联盟在后来的《阿姆斯特丹条约》中改为欧共体政策。

为欧盟成员国，完成了第四次扩张[①]。东欧剧变和苏联解体之后，东欧国家纷纷提出“重返欧洲”。从政治方面看，欧盟希望帮助东欧国家进行政治、经济改革，避免东欧形势的逆转；从经济方面看，东欧国家资源丰富，社会消费水平较高，是一个具有很大潜力的市场；从安全方面看，必须把东欧国家纳入西方势力范围，制止东欧国家分化，在俄罗斯重新崛起之前使东欧国家与西欧密切联系在一起，从而保证西欧的安全。21 世纪初始，欧盟的东扩进程大幅度启动，目前，欧盟的成员国已经扩充到了 28 个。

21 世纪到来之时，欧盟 15 国领导人于 2000 年 3 月在葡萄牙首都里斯本举行特别首脑会议，会议批准了“里斯本战略”，这一战略被视为欧洲一体化进程中的又一个里程碑。面对不可阻挡的全球化趋势及人口老龄化带来的挑战，“里斯本战略”提出了宏伟目标：“争取在 2010 年前使欧盟成为以知识为基础的世界上最具活力和竞争力的经济体。”“里斯本战略”围绕经济发展、就业、科研、教育、社会福利、社会稳定等多方面问题，总共制定了 28 个主目标和 120 个次目标，其中，最重要的两个指标是就业率和科研投入。“里斯本战略”提出要在中长期内创造 3000 万个就业机会，争取在 2010 年把欧洲的平均就业率从 2000 年的 61%提高到 70%；在科研投入方面，“里斯本战略”提出到 2010 年各国投入研发资金比重占 GDP 的比例要从 2000 年的 1.9%提升到 3%。

2. 欧洲悖论

在欧洲政治、经济一体化进程的推动下，欧共体及各成员国参与科技事务的官员更倾向于从科学技术的商业化应用角度来考虑科技一体化的发展方向，正如当时负责管理研发的欧共体委员菲利普·布斯坎（Philippe Busquin）所说：“对研发的投资非常重要，但这只是一个方面。更重要的是，优秀的科研成果应该转化为有价值的商业化应用产品。”（European Commission，2003a）这表明，欧盟科学技术一体化在后来的发展中，越来越注重创新，强调科学技术对国家、对欧盟的经济贡献。

在此背景下，欧盟于 1994 年出台的第一份关于科学技术的指标（European Commission，1994）和 1995 年出台的关于创新的绿皮书（European Commission，1995）中都提出了欧洲悖论的概念。欧盟认为，从 20 世纪 80 年代中期开始的 15 年间，欧盟在基础科学方面取得了可喜的成绩。但是在技术领域及工业化应用方面，尤其是在电子、信息化、生物等高技术产业部

---

① 虽然欧盟批准了挪威的申请，但挪威公民却投票否决加入其中。

门，欧盟的表现落后于它的竞争对手——美国和日本，而且这种趋势正在不断恶化。从 1981 年起，无论从科学家发表的科学论文数量来看，还是从科学论文的增长率来看，欧盟 15 国科学家的表现都很出色，科学论文的绝对数量超过了美国和日本，增长率超越了美国（European Commission，2003a）。但是从欧盟的专利数量来看，欧盟的表现却持续低迷。在 1998 年每 100 万人申请的专利数量调查中，欧盟 15 国的专利数为 36.0 个，而日本和美国分别为 81.0 个和 53.3 个，差距悬殊（European Commission，2003b）。

虽然，欧洲悖论是在肯定欧盟科学成果的基础上呼吁提升创新能力的，但是这并不意味着欧盟的科学发展态势乐观。首先，根据创新型国家的主要指标（国家的 R&D 支出占 GDP 的比例一般在 2%以上）来衡量，欧盟 15 国在 1995 年刚刚达到这一要求，而美国和日本分别为 2.7%和 2.8%，科研实力后劲不足；其次，根据统计，欧盟 15 国的科学论文影响因子和顶尖科学刊物中发表的论文数量均远低于美国；最后，根据人口基数来判断，美国在相同的人口数量中发表的出版物数量及出版物的影响因子方面都超过欧盟 15 国，而美国在世界顶尖期刊杂志上发表的论文数量更是欧盟 15 国的一倍多（Giovanni et al.，2006）①，二战后美国获得诺贝尔奖的人数也远超过欧洲各国的总和。因此，欧盟也有很多科学计量学家认为所谓的欧洲悖论并不存在，因为欧盟的科学表现也不尽如人意。即使在 20 世纪 90 年代中期，欧盟在某些衡量指标方面的表现超过了美国，但长时段来看美国的科技力量依旧强大，欧盟若想与之抗衡，还需要很长的一段路要走。

四、欧盟科学技术制度化进程的总体脉络

由于欧洲政治经济一体化的历史因素，欧盟科学技术的制度化从一开始就呈现出跨国层面和超国家层面两种科学发展形式并存的局面。根据两种发展形式在不同时期的发展状态，我们可以把欧盟科学技术的制度化进程分为三个不同的发展阶段（表 2-1），不同阶段的制度化进程有不同的发展目标和关注领域。

---

① 根据 Dosi Giovanni 的统计，排名在世界前 1%的刊物中，根据人口基数计算，美国科学家发表的文章数量为 0.09 篇，而欧盟 15 国的平均数量仅为 0.04 篇。

表 2-1 欧盟科学技术制度化进程概况

	时间	跨国科学实验室	超国家层面科学实体	时间	跨国科学实验室	超国家层面科学实体
欧盟科学技术制度化进程的第一个阶段	1954 年	CERN		1966 年	欧洲空间研究组织	
	1957 年		《罗马条约》欧洲原子能共同体	1967 年	欧洲航天发射器发展组织	
	1958 年		第一个五年研究计划	1974 年	EMBL	第一个行动计划
	1960 年		欧洲联合研究中心	1977 年		第一个研发活动计划
	1962 年	欧洲南方天文台		20 世纪 70 年代	欧洲航天研究和技术中心	
	1963 年		第二个五年研究计划	1979 年	欧洲北方天文台	
欧盟科学技术制度化进程的第二个阶段	时间	欧盟科学技术制度化过程	超国家层面科学实体	时间	欧盟科学技术制度化过程	超国家层面科学实体
	1973 年	设立研究、科学及教育委员	欧共体负责人会议联络委员会	1984 年	工业 R&D 咨询委员会	第一个框架计划
	1974 年	科技研究委员会	第一个行动计划	1987 年	单一欧洲法令	第二个框架计划
	1980 年	欧洲信息技术工业圆桌会议		1993 年	《马斯特里赫特条约》	第三个框架计划
	1982 年	欧洲科学技术发展委员会	欧洲信息技术研究发展战略计划	1994 年	欧洲科学技术会议成立	第四个框架计划
欧盟科学技术制度化进程的第三个阶段	欧洲研究区					

资料来源：作者自行统计整理

1. 欧盟科学技术制度化进程的第一个阶段

欧盟科学技术制度化进程的第一个发展阶段是从 20 世纪 50 年代到 20 世纪 70 年代末（表 2-1）。1950 年，美国代表伊西多·拉比（Isidior Rabi）在联合国教育、科学及文化组织（United Nations Education，Scientific and Cultural Organization，UNESCO，简称联合国教科文组织）大会上提出由美国帮助欧洲振兴科技，欧洲的物理学家随之响应，最终于 1954 年建立第一个跨国层面实验室——CERN。CERN 是第一个欧洲整体层面上的科学实验室，它的成立开启了欧盟科学技术制度化进程。在随后的 20 多年时间里，欧盟科学技术制度化进程的主流方式是建立跨国层面的科学实验室。这些科学实验室的创建者一直坚持从事基础研究是跨国科学实验室的根本方向，其研究领域主要涉及核物理、天文、航空和分子生物学。核物理和航空为代表的跨国科学实验室研究在当时被视为与世界各国国家政治和安全息息相关的领域，在这些实验室创立之初，其倡导者巧妙地利用了各种外部因素把实验室的构想变成现实，但是当实验室运作之时，科学家们纷纷强调基础研究是主流，把科学与政治意识形态和军事目的做出区分。

CERN 成为欧洲科学的代表时，该实验室主任维克多·魏斯科普夫（Victor Weisskopf）号召把欧洲科学发扬光大。1962 年，作为同样需要大型装置和大量资金支持的天文学研究，也紧跟 CERN 的步伐成立了欧洲南方天文台；1966 年，欧洲科学家们又成立了两个独立的空间研究组织——旨在建造人造卫星的欧洲空间研究组织和旨在建造发射器的欧洲航天发射器发展组织。以肯德鲁为代表的欧洲生物学家虽然早就希望借助跨国科学实验室成立的东风，创建欧洲层面上的分子生物学实验室，但分子生物学作为“小科学”，不像核物理、航空领域那样的“大科学”需要举欧洲各国之力才能完成，所以经过反复磋商终于在 1974 年成立了 EMBL。

在这一阶段中，欧盟政治经济一体化进程才刚刚起步，欧盟超国家科学实体的发展仅仅处于萌芽阶段。《罗马条约》签订之后，欧洲原子能共同体成立，这一共同体内部设立了两个五年研究计划，成立了联合研究中心，这些活动是欧洲超国家层面科技联合的初次尝试。

2. 欧盟科学技术制度化进程的第二个阶段

欧盟科学技术制度化进程的第二个发展阶段是从 20 世纪 80 年代到 20 世纪末（表 2-1）。早在 20 世纪 70 年代末，欧共体负责内部市场和工业事务的委员艾蒂安·达维农（Étienne Davignon）就意识到欧洲技术力量的薄弱。当时，美国、日本的信息技术迅速发展，欧洲相关领域的工业企业都热衷于和美国公司合作。达维农根据这一现状，提出了专门增强信息技术发展的《达维农报告》（*Davignon Report*）。1980 年，欧共体委员会召开了由 12 家欧洲最大的信息技术公司参加的“圆桌会议”，商讨欧洲的信息技术发展，希望从 1982 年起执行欧洲信息技术研究发展战略计划（European Strategic Programme for Research and Development in Information Technology，ESPRIT）。ESPRIT 成为连通欧共体和欧洲工业企业之间的桥梁，对促进科研机构和企业的联合、提升欧洲的整体国际竞争力具有明显作用。ESPRIT 的成功实施使欧共体看到了科技联合的美好未来，达维农乘势提出将欧共体现有的信息、生物等项目整合在一起，形成一个统一计划，欧洲层面的框架计划开始实施。从此，欧盟作为一个超国家层面的权力机构，开始发挥其在科学技术领域的重要作用。

欧共体从 1984 年开始启动了超国家层面的框架计划，至今为止已经完成了 7 个框架计划。框架计划的具体执行方式主要包括 3 种：由共同体研究中心进行的直接行动、由共同体资助并在成员国的研究中心进行的间接行动、可以超越共同体范围的所谓联合行动（如在成员国间或在成员国与有关联系国之间展开）。其中，欧盟直接从事的研发活动只集中在以前欧洲原子能共同体设立的联合研究中心，所占的比例很小，后两项活动都是为了促进各成员国科学活动的交流和协调。

与跨国层面的科学实验室关注基础科学不同的是，超国家层面的科学实体主要关注技术研发，而这种技术研发活动与企业的研发工作有本质上的不同。当时，欧洲的经济一体化还没有达到很高的层面，没有设立与技术研发密切相关的欧洲统一的专利审查政策及机构。为了避免欧盟各国联合起来的技术研发活动在申请专利时所产生的纠纷，框架计划只资助不会产生直接经济效益的前竞争性研究（pre-competitive research）。框架计划的资助方式主要是对大学和公共科研机构进行无偿资助，在框架计划开展的初期，只有部分大型企业能够参与其中，随着该计划的逐步深入及相关配套政策的完善，欧盟才允许中小型企业申请框架计划项目。

在这一阶段中，跨国层面的科学联合在新的形势下也有了更大的发展。冷战后期，由于苏联拥有比美国更强大的核攻击力量，美国害怕“核平衡”的形势被打破，认为需要建立有效的反导弹系统，来保证其战略核力量的生存能力和可靠的威慑能力，维持其核优势。1983 年 3 月 23 日，美国总统罗纳德·里根在一个著名的电视讲话中首次提出“战略防御计划”（Strategic Defense Initiative，SDI）。战略防御计划希望以各种手段攻击敌方的外太空洲际战略导弹和航天器，以防止敌对国家对美国及其盟国发动核打击，其技术手段包括利用微波、激光、高能粒子束、电磁动能等高技术武器在敌方战略导弹来袭的各个阶段进行多层次的拦截。这项计划不仅是单纯的军事战略防御计划，而且可以在未来把军事研发成果转为民用技术以促进经济发展。在美国的要求及技术成果转让的诱惑下，英国、意大利、联邦德国等西欧盟国都参与了这项计划，唯独法国拒绝参与。法国认为，欧洲应该作为一个独立的实体发展自己的技术，不能总受美国的胁迫和遥控。因此，法国又一次成了欧洲跨国科技合作的发起国，于 1985 年成立了以技术成果应用为宗旨的尤里卡计划，该计划建议西欧各国加强在尖端技术领域的合作，逐步成立“欧洲技术共同体”。尤里卡计划在欧洲工业界产生了重要影响，大家普遍认为，相比于框架计划，尤里卡计划采用了由下而上的原则，能够及时反映工业界的需求，更为灵活。尤里卡计划没有复杂的运行机构，只有一个执行小组和各个成员国的代表组成的决策小组，避免框架计划中的官僚等级严重带来的烦琐，更为简单。

3. 欧盟科学技术制度化进程的第三个阶段

21 世纪到来之时，欧盟科学技术的发展也进入了第三个阶段——欧洲研究区（European Research Area，ERA）的建立。为了配合“里斯本战略”的实施，把欧洲建成全球最具竞争力和活力的知识经济社会，欧盟启动了欧洲研究区计划。这是第一个泛欧洲资助计划，全面资助前沿研究。较前两个阶段而言，欧洲研究区把基础研究、技术研发与工业化应用结合起来，最终形成创新活动，突出研发活动对经济、欧洲整体就业率的贡献。欧盟计划从四个方面来实施欧洲研究区计划：集成优先研发领域、整合欧洲研发机构、强化研发基础建设和大幅度增加研发投入。

直至今日，如何处理跨国层面的科研机构和超国家层面科学实体之间的关系，解决好“两条腿”走路的问题，仍是欧盟科技发展的一大挑战。欧洲研究区的建立也是为了能在更高的层面上协调两者的关系，使欧盟的各项科研活动达到更深层次的整合。目前，欧洲航天局（European Space Agency，ESA）与欧盟之间的合作为此提供了典范。2003 年，欧盟委员会（European Commission，EC）与欧洲航天局共同出台了一份白皮书，计划在 2004 年建立一个部长级别的合作平台，出台一个更为广泛的欧洲空间政策，并组成“空间议会”（Space Council）。届时，欧盟将负责与空间研究相关应用领域的政策制定，如农业、运输等。而欧洲航天局则主要负责空间科学及相关的空间技术发展，如“阿丽亚娜”火箭的研发及商业化应用（Papon，2009）。两个机构各司其职，分工明确。第七框架计划（FP7）出台了联合技术行动方案（Joint Technology Initiative，JTI），希望在一些关键研究领域建立公共实验室与工业企业之间的合作伙伴关系，这一目标与尤里卡计划的部分工作已经重复，导致资源浪费。所以如何解决上述矛盾，协调欧盟与各国、欧盟与跨国组织之间的关系，任重而道远。

五、本章小结

二战后，世界格局发生了重大变化。世界的政治经济局势从以西欧为中心转变为美国和苏联两个超级大国的世界争霸。发生这一转变的根本原因就在于自国家的现代化进程启动以来，小型国家实体已经不能具备足够的实力站在世界政治经济发展的最前沿。美国和苏联的领土范围大、人口多，具备先天的大国效应，一旦这两个国家的现代化进程加速发展，综合国力强盛之时，西欧小国完全不能与之抗衡。于是，西欧各国意识到，若想在世界政治经济格局中取得更多的话语权，就必须联合起来发出共同的声音。

在科学的制度化进程中也出现了类似的效应。二战后，科学与社会的联系愈加紧密，再加之科学研究本身的变化，美国学者普赖斯（D. de Solla Price）最先注意到并提出了“大科学”的概念，在他所著的《大科学与小科学》（de Solla Price，1986）一书中，他提出“现代科学不仅硬件如此璀璨，堪与埃及金字塔和欧洲大教堂相媲美，而且国家用于科学事业人力和物力的支出，也使科学骤然成为国民经济的主要环节。现代科学的规模巨大，面目一新，而且强大无比。它使人们不得不用‘大科学’这一名词而美誉之”。以赵红州（1985）为代表的国内学者也专门研究“大科学”的发展状态。西欧各国经过多年的探索发现，各个国家的国土面积小，人口数量有限，国家层面的科学活动不足以承担当今的“大科学”发展所要求的众多条件。欧盟科学技术从出现至今，就长期面临人才流失、技术差距和欧洲悖论三个问题。既然要想应对和解决这三个问题，单凭西欧任何单一国家本身无法做到，那么各个国家集中力量办大事成为它们的必由之路，这也是发展欧盟科学技术的根本原因。只有当欧盟整体的综合科技实力增强了，才能在与美国、日本这样的科技强国，以及中国这样的科技大国的较量中占据优势。

受欧盟政治经济一体化的影响，欧盟科学技术形成了跨国层面和超国家层面两种科学发展形式。从 1954 年欧盟科学技术的制度化进程启动以来经历了三个不同的发展阶段，前两个阶段中跨国层面的科学实验室首先占据优势，在 20 世纪 50 年代起迅速发展壮大，这些实验室主要从事基础研究，CERN 等科学实验室成为欧洲科学联合的典范；而到了 20 世纪 70 年代末，随着欧洲政治经济一体化进程加速，欧盟超国家层面的科学实体也大踏步前进，现在占据上风。以框架计划为主体的科研活动强调技术研发，大范围地推进了欧盟层面的科学联合和人员流动；当提倡知识社会的 21 世纪到来之时，欧盟随之建立了欧洲研究区，试图在更大范围内整合这两种科学发展形式，在更深层次上协调各国的国家科研活动。两种科学发展形式的结合也就意味着欧盟把基础研究和技术研发联系起来，共同应用于创新活动，进而通过创新活动提升欧盟整体的经济实力，提高欧洲人民的就业率。

第三章

欧盟科学技术制度化进程概况之二

——跨国科学实验室和超国家科学实体的建立

在第二章中，笔者已经就政治经济背景下推进欧盟科学技术制度化的三个主要动因及制度化进程的总体脉络做了概述。本章，笔者将在上述研究的基础上，详细分析欧盟科学技术制度化的两种发展形式，以及现在欧盟科学技术实体的政策走向。

一、跨国科学实验室的建立

如前文所述，欧盟科学技术制度化的一种发展形式是欧洲层面上的科学实验室的筹建与发展。从 CERN 成立至今，已经建立了十多个欧洲科学实验室（表 3-1）。它们对于欧洲统一标准的制定、欧洲各国科学家的交流合作及欧洲科技人才培养均起到了重要作用。

表 3-1　欧洲科学实验室列表

机构名称	成立时间	站点及简介	机构名称	成立时间	站点及简介
CERN	1954 年	拥有大型电子-正电子对撞机；超大型质子同步加速器等设备	EMBL	1974 年	主站点： 德国海德堡实验室
欧洲南方天文台①	1962 年	在智利有三个观测站		1975 年	德国汉堡实验室

续表

<table>
<tr><th>机构名称</th><th>成立时间</th><th>站点及简介</th><th>机构名称</th><th>成立时间</th><th>站点及简介</th></tr>
<tr><td rowspan="4">欧洲航天局②</td><td rowspan="3">20 世纪 60～70 年代</td><td rowspan="3">先后成立了欧洲空间研究组织、欧洲航天器发展组织等机构</td><td rowspan="3">EMBL</td><td>1975 年</td><td>法国格勒诺布尔实验室</td></tr>
<tr><td>1992 年</td><td>英国新斯顿实验室</td></tr>
<tr><td>1997 年</td><td>意大利罗马实验室</td></tr>
<tr><td>1990 年</td><td>欧洲宇航员中心</td><td>欧洲北方天文台③</td><td>1979 年</td><td>类似一个科学联合体，各成员国拥有自己的仪器和设备</td></tr>
</table>

注：①欧洲南方天文台：位于德国慕尼黑，并在智利阿塔卡马（Atacama）沙漠地区间有三个观测站，拥有一个最大的望远镜、一个天文数据库和先进的测试仪器。

②欧洲航天局：由欧洲航天研究组织和欧洲发射器开发组织合并而成，总部在法国巴黎。欧洲空间研究组织位于意大利罗马，主要任务是收集、储存和向合作伙伴提供卫星数据；欧洲航天器发展组织（European Launch Development Organisation，ELDO）位于法国巴黎；欧洲航天运行中心（European Space Operation Centre，ESOC）位于德国，主要任务是控制航天局在轨道上运行的卫星；欧洲航天研究和技术中心（European Space Research and Technology Centre，ESTEC）位于荷兰，主要任务是设计和开发航天器；欧洲宇航员中心（European Astronauts Centre，EAC）位于德国科隆，主要任务是培养未来的宇航员。

③欧洲北方天文台位于西班牙境内，类似一个科学联合体，各成员国拥有自己的仪器和设备。

资料来源：笔者根据《欧盟科学技术概况》（靳仲华和周国林，2005）整理而成

从表 3-1 可以看出，欧盟建立的跨国科学实验室涉及核物理、天文、航空和分子生物学四大研究领域。

CERN 是欧盟科学技术的始端。CERN 是在美国的扶植下，各参与国政府一致同意的情况下，建立的自上而下的科学实验室。如前所述，美国著名物理学家伊西多·拉比提出美国应该加强与欧洲在核物理领域的交流合作。在这一提议下，联合国教科文组织总干事皮埃尔·艾格（Pierre Auger）和物理学家爱慕德·阿玛尔迪（Edoardo Amaldi）倡导建立以科研为核心的欧洲层面上的核物理实验室。1954 年，CERN 成立，总部位于瑞士日内瓦，12 个西欧国家、南斯拉夫和中立国瑞士是 CERN 的创始国。为了恢复欧洲的强国地位，各国政府都对 CERN 投入了巨资。在 CERN 成立后的 11 年时间（1954～1965 年），其经费预算从 23.33 万瑞士法郎上升到 274.87 万瑞士法郎（表 3-2）。与此同时，参与 CERN 的 12 个成员国的资金投入比例也基本保持稳定，与各国的经济实力相当。英国、法国、德国和意大利都属于大国，经济实力较强，该四国的资金投入占总投入的 75％以上，其余各国所占比例较小。CERN 成立的主要目标就是在以核物理为代表的“大科学”上使欧洲扬名天下，如今它已成为全球最大的核物理研究中心，全世界约有二分之一的核物理研究人员曾参与过 CERN 的研究计划。随着时代的发展，CERN 与民用工业或技术部门的合作日益密切，应用研究和技术转让已经成为 CERN 工作中不可缺少的一部分。起初为改善和加速在世界上不同大学和

研究所工作的物理学家们之间的信息共享而发明的万维网（World Wide Web）①，现在已融入了普通人的日常生活，极大地改变了人们的生活方式。癌症治疗、医学和工业成像、辐射处理等一系列的研究成果都是CERN的科学家们在物理研究中开发出来的技术。

表 3-2　CERN 各参与国投入占总投入的百分比（单位：%）

国别	1955 年	1958 年	1961 年	1964 年
奥地利	—	—	1.87	1.96
比利时	4.88	4.89	4.02	3.85
丹麦	2.48	2.23	1.93	2.09
德国	17.17	18.27	18.92	22.86
法国	23.84	22.26	20.57	18.66
希腊	0.97	1.08	1.12	0.60
意大利	10.20	10.61	9.78	10.83
荷兰	3.68	3.78	3.73	3.94
挪威	1.79	1.72	1.56	1.48
西班牙	—	—	4.16	1.68
瑞典	4.98	4.85	4.10	4.25
瑞士	3.71	3.48	3.19	3.20
英国	23.84	25.00	24.40	24.60
南斯拉夫	1.93	1.83	0.65	—

资料来源：Hermann 等（1987）

1957年，苏联发射了震惊世界的第一颗人造卫星——史泼尼克一号（Sputnik-1）后，美国与苏联在太空领域展开了激烈竞争。当史泼尼克一号卫星环绕地球飞行4个月时，美国发射了探索者1号（Explorer-1）卫星。虽然美国利用北大西洋公约组织（North Atlantic Treaty Organization，NATO）号召西欧国家联合起来参与此次太空竞赛，但是西欧科学家对太空研究中掺杂军事目的甚为反感，在物理学家艾格和阿玛迪（Krige et al.，2000）的号召下，欧洲科学家们成立了两个独立的空间研究组织——旨在建造人造卫星的欧洲空间研究组织和旨在建造发射器的欧洲航天发射器发展组织（Suzuki，2002）。当欧洲空间研究组织的"欧洲号"（Europa）系列火箭的研制经历了失败、再失败的艰难曲折后，各成员国决定进行改革，把欧洲空间研究组织和欧洲航天发射器发展组织合并在一起，于1975年成立了欧

① 1989年，CERN的物理学家蒂姆·伯纳斯-李（Tim Berners-Lee）研发出万维网，他还开发出了极其简单的浏览器。

洲航天局，着手实施“阿丽亚娜”（Ariane）火箭计划。“阿丽亚娜”火箭至今已研制成功 4 种型号，它在国际航天市场的角逐中占有重要地位，世界商业卫星的发射业务大约有 50%由“阿丽亚娜”火箭承担，它的成功是继 CERN 之后欧洲联合自强的又一象征。

EMBL 的成立探索出了跨国家科学实验室制度化的另一条进路。该实验室的创始国有 27 个，分别在德国海德堡（Heidelberg，主站点）、汉堡（Hamburg），英国新斯顿（Hinxton），法国格勒诺布尔（Grenoble）和意大利蒙特罗多（Monterotondo）设有 5 个站点。虽然该实验室取得了很多科学成就，尤其是克里斯蒂安·尼斯莱茵-福尔哈德（Christiane Nüsslein-Volhard）和艾瑞克·威斯乔斯（Eric Wieschaus）基于对果蝇胚胎发育的遗传学分析获得 1995 年诺贝尔生理学或医学奖，但是各成员国同样拥有很多大型知名的生物学研究机构，所以它并不像 CERN 那样突出，成为生物学领域中欧洲科学联合的象征。

欧洲经历了 19 世纪末的欧陆内战与一战、二战，天文学研究受战争影响几乎中断。欧洲各国从一战前，便停止了对新天文仪器的建造。现代天文望远镜的建造，不但结构越来越精密，造价也越来越高昂，这不是两次世界大战后经济遭受重创的欧洲国家单独所能负担的。因此，欧洲八国的政府便相互联合起来①，于 1962 年成立了欧洲南方天文台。欧洲南方天文台总部设在德国慕尼黑，主要观测设施建在位于智利圣地亚哥北 600 公里处的拉西亚山上。欧洲南方天文台建立的首要目标就是建造 3.6 米口径光学望远镜。从 1969 年 10 月开工建造到 1976 年 11 月正式启用这段时间，欧洲南方天文台集合了各国各家之长，例如，专长于光学设计与制造的德国，以及专长于机械设计的意大利与法国，都参与了欧洲南方天文台望远镜的制造，极大地促进了各国的学术交流。这架望远镜为当时的天文学新发现立下了赫赫战功，使欧洲南方天文台成为南半球天文学的重镇，它的出色表现象征着欧洲天文学力量的整合。

二、超国家科学实体的发展

欧盟层面的超国家科学实体是从欧洲原子能共同体演变而来的。欧洲原

---

① 欧洲南方天文台的八个创始国分别是：比利时、瑞典、法国、德国、荷兰、丹麦、意大利和瑞士。

子能共同体成立之后，出台了两个欧洲层面上的五年研究计划。第一个五年研究计划（1958～1962 年）的预算为 2.15 亿欧洲货币单位，研究内容分为两个部分：一是建立联合研究中心对科研直接投入，联合研究中心包含七个不同研究方向的研究所（表 3-3）；二是通过合同方式对科研间接投入，投入的领域包括物理、化学、电子、核物理、放射生物学等。第二个五年研究计划（1963～1967 年）的研究预算上涨了一倍，达到 4.25 亿欧洲货币单位，研究领域并没有大的变化，只是联合研究中心的科研投入、科研人员大幅增加。这两个五年计划是欧洲层面上科技联合的初次尝试，开创欧洲超国家层面科学联合之先河。但在第二个五年研究计划实施后，一方面由于各国在欧洲原子能共同体的基本目标——建立欧洲层面上的核反应堆存在严重分歧，另一方面因为欧洲煤钢共同体、欧洲原子能共同体和欧洲经济共同体合而为一称为欧共体，使欧洲原子能共同体的很多活动被分解到其他部门，所以 1967 年后欧洲原子能共同体不再继续设立第三个五年研究计划。

表 3-3　联合研究中心实验室列表

实验室名称	成立时间	地点
材料和评价测试研究所	1960 年	比利时赫尔（Geel）
公共安全和保护研究所	1960 年	意大利伊斯普拉（Ispra）
环境和可持续发展研究所	1960 年	意大利伊斯普拉
健康和消费者保护研究所	1960 年	意大利伊斯普拉
能源研究所	1960 年	荷兰佩滕（Petten）
超铀元素研究所	1960 年	德国卡尔斯鲁厄（Karlsruhe）
技术预测研究所	1960 年	西班牙塞维利亚（Sevilla）

注：欧洲联合研究中心（Joint Research Center，JRC）；材料和评价测试研究所（Institute for Reference Materials and Measurement，IRMM）；公共安全和保护研究所（Institute for the Protection and Security of the Citizen，IPSC）；环境和可持续发展研究所（Institute for Environment and Sustainability，IES）；健康和消费者保护研究所（Institute for Health and Consumer Protection，IHCP）；能源研究所（Institute for Energy，IE）；超铀元素研究所（Institute for Transuranium Elements，ITU）；技术预测研究所（Institute for Prospective Technological Studies，IPTS）。

资料来源：笔者根据《欧盟科学技术概况》（靳仲华和周国林，2005）整理而成

虽然欧洲原子能共同体在此之后的十多年间都没有再设立研究计划，但是后来，当欧共体的超国家科学实体开始大力发展，以框架计划作为欧盟超国家科学实体的主要活动时，框架计划的结构仍然沿用了欧洲原子能共同体研究计划的模式：欧盟的直接研究行动都集中在联合研究中心的七个研究所中，联合研究中心以服务为定位，内容涵盖欧盟政策的理念、发展、执行及评估。联合行动和间接行动都是用于各国科研机构的沟通和交流，欧盟主体并不直接从事此类研发活动。

20 世纪 80 年代初，欧盟委员会负责研发的委员达维农乘势提出将欧共体现有的信息、生物等项目整合在一起，形成一个统一计划。1984 年，欧盟开始启动了超国家层面的欧洲框架计划，至今为止已经完成了 7 个框架计划，除了第七框架计划外，其他的框架计划周期均为 4 年（表 3-4），框架计划已成为欧盟科研活动的主体。

表 3-4　欧盟框架计划简介

项目	第一框架计划（FP1）	第二框架计划（FP2）	第三框架计划（FP3）	第四框架计划（FP4）	第五框架计划（FP5）	第六框架计划（FP6）
实施时间	1984～1987 年	1987～1991 年	1991～1994 年	1994～1998 年	1998～2002 年	2002～2006 年
资金/亿欧元	32.7	53.6	66	132	150	175
重点领域	能源、工业创新研究	农业和工业创新，添加经济和社会协调发展内容	自然资源管理和人力资源开发，强调生命科学	信息通信技术、新能源、交通和生命科学	信息技术、新能源、环境和生活质量管理	生物、信息、纳米、航天、环境、公民与行政管理
特点	对欧共体的科研工作的初步探索	与法国提出的尤里卡计划相互竞争	强调科研成果的推广和应用	欧盟诞生后的首个框架计划，重视国际合作	国际合作大大加强，缺乏整体战略考虑	建立欧洲研究区，增加长期、结构性投入

资料来源：笔者根据《欧盟科学技术概况》（靳仲华和周国林，2005）整理而成

首先，从资金上看，虽然欧洲层面上的 R&D 投入比例并未发生明显变化（表 3-5），但是框架计划占欧洲层面上的科研投入却逐年增加。FP1 的投入为 32.7 亿欧洲货币单位，FP6 的投入已经增至 175 亿欧洲货币单位，尤其是 FP4 的投资金额大幅提高。20 世纪 90 年代，欧洲政治经济联盟的步伐加快，尤其在 1993 年《马斯特里赫特条约》生效后，明确提出增加科研与技术开发的投入，实现科研投入占 GDP 3%的目标。于是，FP4 的投入相比于过去有了较大的增加。当欧盟决定建立欧洲研究区后，FP7 的投入更是比 FP6 增加了一倍以上。所以，欧洲层面上的科学联合与欧洲政治经济联合的步伐相一致。

表 3-5　1991～2000 年欧盟 R&D 经费占 GDP 的比重　（单位：%）

1991 年	1992 年	1993 年	1994 年	1995 年	1996 年	1997 年	1998 年	1999 年	2000 年
1.94	1.92	1.94	1.90	1.89	1.88	1.87	1.87	1.93	1.93

资料来源：靳仲华和周国林（2005）

其次，在框架计划所注重的领域中，能源、生物和信息一直占主导地位。生物方面的投入在框架计划中不断攀升，自 FP1 以来，欧共体实行了欧洲实验室无墙（European Laboratories Without Walls，ELWW）计划，以

促进生物技术涉及的很多学科的融合；后来进一步增加投资，施行增加学术研究的计划生物技术——为了欧洲的创新、发展和成长（Biotechnology Research for Innovation，Development and Growth in Europe，BRIDGE）计划；20 世纪 90 年代早期生物技术研究成熟后，又增加了促进工业领域的生物技术研究的欧洲农业和工业联系项目（European Collaborative Linkage of Agriculture and Industry through Research，ECLAIR)、农业工业研究项目(Agro Industrial Research，AIR)，通过这些项目把生物科技成果应用于农业、工业领域；信息领域的投资在各个框架计划中所占的比重最大，该领域的投资一般通过 ESPRIT 投入到信息技术研发中，另一半则通过欧洲高级通信技术研发（R&D in Advanced Communications Technologies for Europe，RACE）计划、医学信息化（Advanced Informatics in Medicine，AIM）计划、通过技术进步促进欧洲教学（Development of European Learning through Technological Advance，DELTA）计划和欧洲交通车辆安全之公路设施（Dedicated Road Infrastructure for Vehicle Safety in Europe，DRIVE）计划投入到通信技术研发中；能源方面的投资虽然在下降，但是总体上还是框架计划非常重要的一部分。欧盟一向重视能源领域的研究与技术开发，至今已拥有一整套支持能源经济结构变化、合理使用能源及减少石油依赖的方针措施——SAVE 计划①、焦耳/兆卡（JOULE /THERMIE）计划②和可再生能源（ALTENE）计划③。

最后，从几个框架计划的发展趋势来看，有几个明显的特点。框架计划的目的是促进欧洲各国之间的协调与合作，框架计划的各个项目必须是各个国家的科学家联手完成的，而跨国合作的范围也逐渐从欧共体成员国扩大到国际层面，例如，中国从 1998 年起参与欧盟的 FP5，到 FP6，中国成功申请的项目近 200 项，其中申请信息技术项目的机构近 300 家，排在非欧盟国家第一位。框架计划所关注的领域越来越多，从只注重能源、信息，到后来的生物、航空、环境保护、科学与社会等，同时越来越重视规模效应，强调集中力量办大事，直到现在建立欧洲研究区和欧洲研究理事会（European Research Council，ERC)，努力在促进欧洲政治经济一体化的基础上，实现

---

① 专门节能项目，支持欧盟在工业、商业和家庭领域提高能源效率的非技术性活动，包括政策措施、信息、研究和试点项目，以及创建地区性能源管理机构。

② 焦耳/兆卡计划，即非原子能（Non-Nuclear Energy）计划。

③ 可再生能源研究计划，该项目的目标是实施和补充欧盟在增加可再生能源使用量方面的目标，支持可再生能源示范项目，加速可再生能源投资，增强可再生能源的信息传播。

欧盟科技一体化的构想。

三、欧盟科学技术实体的政策走向

现在，欧盟作为一个超国家的实体已经得到了人们的普遍认可。从长时段来看，超国家和跨国家的科学实体与国家层面的研究系统在发展目标上有两个本质性的区别。而正是因为发展目标的不同，导致两种不同的科学发展模式在后来走向了两个不同的方向。

1. 关注公平还是效率?

国家及超越国家层面的科研系统均由很多部分组成，而有限的科研资源应该均摊还是优先发展某些领域是一个难题。公平和效率对于科研系统而言，就像鱼和熊掌一样不可兼得。通常，国家层面的科研系统都希望通过政策的导向，使有限的科研资源得到最大化的使用，从而提高本国的科技竞争实力。在欧盟，跨国层面的科学实验室同国家层面的科学实体一样，偏向于提高效率一方。例如，CREN 在创建初期就已经对各国的投资比例作了安排，而 CREN 在资金使用和分配方面与各成员国的投资比例并不一致，这一点在成员国瑞士体现得尤为明显。如表 3-6 所示，瑞士对 CREN 的投资仅为 3.71%，因为该组织的实验室建在瑞士，所以瑞士拿到的合同所占金额比例高达 40.2%，而英国拿到的项目资金仅为 6.0%。

表 3-6　1954 年 CERN 各成员国参与人数、项目资金分配比例与财政投资比例对照表

项目	希腊	南斯拉夫	荷兰	比利时	德国	丹麦	意大利	瑞典	挪威	瑞士	法国	英国
人数/人	0	0	3	3	4	4	5	5	6	7	10	14
项目资金分配比例/%	—	0.8	3.5	2.0	15.3	0.1	7.1	1.4	0.4	40.2	22.9	6.0
投资比例/%	0.97	1.93	3.68	4.88	17.70	2.48	10.20	4.98	1.79	3.71	23.84	23.84

资料来源：Hermann 等（1987）

而在超国家层面科学实体发展的初期，公平是各成员国最为关注的。早在欧洲原子能共同体时期，对公平的要求就被提上了议事日程。1957 年，成立欧洲煤钢共同体的六国打算联合成立旨在促进核能工业化应用的欧洲原子能共同体。当时，法国和德国已经制订了本国的核能发展计划。于是，比利时、意大利、卢森堡和荷兰四国希望它们对欧洲原子能共同体的投资比例能立刻在该共同体与本国的工业和研究中心签订的合同中得到反映。当时，这四个国家就像是待嫁新娘的父母，如果新娘的父母怀疑新郎和新娘是否般配，怀疑两个人是否能平等相待，那么新娘的父母就有权利把嫁妆要回去(Salomon，1968)。这四个国家担心：如果欧洲层面的核能发展计划某一天不复存在了，它们没有自己的计划，那么最后就只有法国和德国会从中获利了。法国却认为，早在欧洲原子能共同体成立之前，法国就已经制订了本国的核能研究计划，这种国家之间的不平衡是一开始就存在的。而且，法国觉得这四个小国能从欧洲原子能共同体得到的应该是原子能方面的知识和技术，而不应该只把目光放在合同上面。但是，欧洲原子能共同体不像欧洲煤钢共同体那样拥有独立的资金来源，它的维系必须依靠各成员国的政治意愿和投资决定。所以，最终各成员国拿到的合同资金总额与它们的投资比例是一致的：比利时占 9.9%，德国和法国都占 30%，意大利占 23%，卢森堡占 0.2%，荷兰占 6.9%。

然而，这一问题在欧洲原子能共同体各成员国之间并没有完全达成共识。1965 年，当欧洲原子能共同体在一次会议上向各国申请追加 5000 万欧洲货币单位用于研发计划时，却引发了成员国之间围绕公平原则的一场大争论。当时，国际石油价格大幅下跌，使核能工业的发展受到了限制。同时，欧洲各国的工业已经有了一定发展，它们对欧洲原子能共同体应该发挥什么样的作用及应该选择哪种类型的反应堆很难达成一致。法国人指责欧洲原子能共同体因为公平原则的限制，在很多并不重要的研究项目上花费了过多的资金，使欧洲共同体层面的研发成果并不突出；而且，出于公平原则的考虑，欧洲共同体的联合研究中心所属的实验室分散在各个成员国，导致研发活动很难协调。最后，法国从政治立场出发认为，欧洲原子能共同体在对抗美国的核工业入侵方面很难有招架之力。意大利、卢森堡和荷兰这三个在欧共体的小型研究项目中受益的国家显然不支持法国的意见，坚持认为欧共体的研究项目在一些关键领域，如快速反应堆等方向已经占领了先机。最终，这场争论导致欧洲原子能共同体陷入一场危机，欧共体原本提倡的核能工业应用化为泡影。只有意大利在这场公平原则的争论中有所收获：联合研究中心在意大利的伊斯普拉实验室追加了很多资金并额外增加了一个新的研究项目——奥格尔计划（Orgel project）。

当欧盟开始执行框架计划时，同样面对了公平和效率之间如何取舍的难题。框架计划的本意是要促进欧洲整体科学实力的提高，使欧洲能缩小与美国和日本之间的技术差距。但是，鉴于各成员国的压力，公平原则通过《欧洲单一法令》进入了 FP2 的政策制定标准：在保证科技实力的同时，研发计划要鼓励那些促进欧共体经济和社会联合的研究，也要对社会和谐及广泛发展有所贡献。同时，欧共体还提出了利用旨在促进区域经济发展的结构资金（structural funds）来改善落后地区的科研基础设施、提高落后地区科研人员的研究水平，并为这些地区提供研究资金。通过这种方式保证若干年后，欧共体内所有地区的科研实力能在同一条起跑线上。这种方法也能减缓落后地区的人才流失现象，在结构资金的帮助下，希腊成立了克里特岛（Crete）研究中心，不久，这个研究机构就成为生物学研究的佼佼者，在欧洲的多个研究计划中扮演了积极的角色。

随着欧盟的东扩，各成员国、各地区之间的科研实力的差距进一步加大，如何更好地解决公平和效率问题，在 28 个成员国中找到两者之间平衡点，对于欧盟科学技术的未来是一道难题。

2. 欧盟科技政策的定位：协调和辅助性原则

从 20 世纪 50 年代初至今，欧盟科学技术的发展定位也在不断地完善，从欧洲原子能共同体时期的依靠增加研发投资提高科研实力，到《欧洲单一法令》中的加强科研成果的应用，可以说，欧盟科学技术发展的定位都紧跟时代的变化及科技发展的新潮流。20 世纪 90 年代，欧盟委员会出台了对于欧盟未来科技发展方向至关重要的《关于增长、竞争力和雇佣的白皮书》（European Commission，1993）。该白皮书首次明确提出把欧洲层面上的协调活动也作为欧盟科技发展中除增加投资和技术成果应用外的第三个重点发展方向。在随后的 FP4 中也明确强调了这一点："FP4 要关注那些能促进研究人员流动性的科研活动，改进欧洲的科技潜力的研究活动，改善共同体与国家的研究计划之间的协调以及共同体与其他国际层面的科学活动之间的协调。"（European Parliament and Council，1994）

欧盟在此时所强调的协调活动主要指共同体与各成员国之间的研究活动和政策，而非成员国之间的层面。一个简单的事实就可以告诉我们缘何协调共同体与成员国之间的研究活动如此重要：截至 20 世纪末期，欧盟的研发资金占各成员国公共研发总投资的比例已经达到了 13%①。如果不对欧盟层面和国家层面的科学活动进行协调，提高欧洲整体的科研实力，就会导致不必要的重复，资源得不到合理的配置。例如，数字电话公共交换系统的研制就是一个典型的例子。"在共同体各成员国中，研制这种系统的不少于 9 台，如果算上德国标准电气罗伦茨公司与美国国际电话电报公司合作研制的'12

① 这里所说的资金包括框架计划、CERN、欧洲航天局、尤里卡计划等所有欧洲层面科技活动的总金额。

号系统'，就有10台之多。相反，美国在这种系统方面只研制了3台（包括12号系统），日本只研究了2台。其结果是共同体国家几乎花费了70亿美元，相当于日本的4倍和美国的2倍，类似这种重复研究的现象在共同体内部是普遍的。"（杨逢珉和张永安，1999）。以往欧盟的协调方法主要是各成员国与欧盟负责研发的官员自发沟通，独立做出决定。事实证明，这种沟通方式很难奏效。因此，欧盟从FP4起，采取了三种新的协调方式。

要想做好欧盟和成员国之间的协调工作，搜集各国及欧洲层面的科学活动相关信息，并展开评估和展望工作是必需的。因此，欧盟委员会所属的科技研究委员会（Scientific and Technical Research Committee，CREST）启动了专门对成员国中欧共体研发政策的影响进行评估的计划；欧盟委员会也于1994年成立了欧盟统计局（Eurostat），专门公布欧盟及各成员国与科技相关的数据统计表。事实证明，这种定期的数据更新成为各国间很好的协调工具。此外，在政治层面上，欧盟委员会于1994年在德国什未林（Schwerin）召开了第一届负责科技事务的部长级非正式会谈，交流各国的国家政策的执行，探讨欧洲层面的科技活动的未来，为政策协调工作提供了平台（Guzzetti，1995）。

除了协调欧盟及各成员国的研究活动外，经过多年的摸索，欧盟的科技政策定位也遵循1993年生效的《马斯特里赫特条约》中确立的辅助性原则：只有在成员国采取的政策不能充分实现，而欧共体采取政策由于范围和效果的原因能更好地实现的情况下，欧共体可以制定并执行政策。这一原则为欧盟和成员国之间的关系提供了一个促进协调以取得平衡的空间，既可以保证欧盟立法的灵活性，也可以保持成员国的身份和各成员国立法的多样性。在这一原则的指导下，FP4对其所属的研究计划重新做了区分，把研究项目分属以下三类网络：第一类是注册联合体类型的网络（consortia network），这类项目中，以欧盟委员会的研究机构类似于行星发挥主要作用，国家层面的研究中心类似于围绕行星运行的天体配合欧盟委员会所属研究机构的工作，两者共同形成一个整体。欧洲原子能共同体的受控热核聚变项目（Thermonuclear Fusion Programme）就是这一类型的成功范例。第二类是合作网络（concertation network），这类型的项目打破了学科界限，根据一个主题或为了解决一个具体问题而组成临时的联合研究团队，通常都由不同研究中心的约50名专家组成。例如，1993年成立的欧盟气候变化研究网络，由联合研究中心牵头，各成员国及东欧各国的研究机构共同参与，这使环境研究仍处于初创阶段的东欧各国有机会参与世界级的大型项目，大大提高了东欧各国的研究实力（Guzzetti，1995）。第三类网络的构建突破了欧洲的界限，着眼于国际合作的层面。欧盟与其他先进的工业化国家（美国、日本、加拿大、澳大利亚等）及东南亚国家（马来西亚等）是合作与竞争并存的关系，为了避免合作带来商业上的纠纷，欧盟与这类国家的科技合作限于基础研究层面的大科学合作，如基因工程、气候变化等。而欧盟与第三世界国家（主要指非洲、拉丁美洲及其他亚洲国家）的科技合作注重农业和医学两个领域，旨在解决这些国家的食品缺乏和疾病两大难题。而欧盟与东欧国家（主要是乌克兰、捷克等国家）的合作在政治层面有非常重要的意义，所以两者的科技合作更多的是如何同美国和日本一起，共同将苏联时期的军用技术转为民用及核工业领域的合作。

总体而言，欧盟现在的政策定位就是要打破国家界限、学科界限，并要在科学、技术和商业化应用之间架起一座桥梁，通过协调使欧盟整体的作用得到最大化的发挥。

四、本章小结

受客观历史因素影响，欧盟科学技术从一开始就形成了跨国层面和超国家层面两种科学发展形式。跨国家的科学发展形式中，科学实验室的建立是主流。欧洲层面的跨国科学实验室很多，总体可以分为核物理、天文学、航天和分子生物学四个领域。其中，前三个领域都是“大科学”的代表，实验设备造价高昂，实验仪器运行复杂，实验目标宏大，举欧洲一国之力无法完成。此时，欧洲层面上的科学联合势在必行。而分子生物学不是传统意义上的“大科学”，EMBL 的建立走过了与前三个领域的实验室完全不同的制度化道路。这些领域的实验室的成立都蕴涵着复杂的政治、外交和军事背景，但所有的实验室在运行之时只关注基础研究，不把科学和政治、军事等因素混为一谈。本书的第四、五、六章将以 CERN 和 EMBL 为案例分析这一层面的制度化特征。

超国家层面的科学实体起源于欧洲原子能共同体，直到 20 世纪 80 年代才开始大力发展，这一层面的科学活动主要以框架计划为主。框架计划中，欧盟直属的联合研究中心从事直接行动，框架计划中的其他项目都是促进不同成员国科研机构和科研人员之间的互动和交流。框架计划至今已经执行了 7 个，研发资金在欧盟正式成立后大幅度增加，研发重点领域分布在能源、信息技术和生物技术三个方面，研究合作的范围也逐渐从各成员国扩大到了国际层面。本书的第七章和第八章分别探讨框架计划的特点，并以生物技术为例说明 20 世纪 80 年代以来欧盟科学技术制度化的趋势。

总体而言，超国家层面的科研系统更加注重公平。公平是欧盟联合各成员国的基础，这一理念从欧盟科学技术发展之初就已渗透其中。但是，公平与效率是一对相互冲突的矛盾体。为做到既不动摇欧洲各国联合之根基，又要努力实现科技迅速发展达到与美国和日本相抗衡的目标，欧盟近期采取了各种措施来解决这一问题：成立欧洲研究理事会专门资助卓越的研究者、大力发展与跨国层面的欧洲联合计划如尤里卡计划之间的合作来弥补欧盟技术应用方面的缺陷，同时，欧盟利用结构资金争取进一步平衡不同地区之间的差异以达到提高落后国家科研实力最终取得更高层面的公平和效率的平衡。本书的第九章和第十章从政策角度具体考察超国家层面的科研系统与国家层面的科研系统的实际状况。

第四章

欧洲核子研究组织的创建

——关于 CERN 创建初期核心成员的一项群体志分析

一、CERN 作为欧盟科学技术制度化的始端：超越“国家科学”

1948 年，第一个欧洲层面上的组织——欧洲经济合作组织成立。当时，很多科学家认为发展科技有利于欧洲的重建与联合。次年，欧洲委员会（the Council of Europe，COE）成立。1954 年，欧洲委员会促成了 CERN 的诞生，这可以视为 欧盟科学技术的始端，因而研究其制度化过程及结果对于了解欧盟科学技术的制度化进程有着尤为重要的意义。CERN 的建立集中体现了当时欧洲及世界科学-政治格局的特征，当时，致力于二战后重建的欧洲各国迫切需要集合西欧各国的资金和研究力量，建立拥有一流大科学装置的核子研究基地，而欧洲委员会的成立为此提供了契机。在欧洲委员会的作用下，通过自上而下的科学制度化进程，CERN 得以迅速建立。此后，欧共体或欧盟意义上的科学技术不断发展壮大，其发展进程正与欧洲一体化进程相一致。

本章将视点集中于 CERN 的创建及初期运行之时（1954～1965 年），拟通过对该时期核心成员群体进行群体志①分析，以了解 CERN 的创建过程及

① 此词英文为“prosopography”，任定成译为“颜面术”、刘兵译为“群体传记”。本书译为“群体志”，旨在强调这种研究不只是关于所研究群体的个人生平材料的统计分析，而是要在此基础上分析理解整个群体内部的结构、成员之间的关系，以及由此而致的群体价值取向、理念和研究旨趣。

建立初期的组织结构和运作方式，进而判断由 CERN 所开启的欧盟科学技术是否具有区别于、高于“国家科学”的宗旨和理念。

关于群体志研究，本书想要说明的是，群体志是科学社会学广泛应用的一种分析方法，默顿称之为社会调查资料的多变量分析。它可以通过对一组人物生平传记的剖析来了解这一群体的共同特征，并对相关社会史的演化做出具有数量意义的估量。瑞士植物学家阿尔方斯·康多勒（Alphonse de Candolle）于 1973 年写了一部雄心勃勃的著作——《两个世纪以来科学和科学家的历史》，在这部著作中，他系统地利用统计方法研究促进或阻碍科学进步的因素。康多勒的观点和方法于多年后构成了现代科学社会学及科学学的基础（克拉夫，2005）。近年来，萨克雷通过对 600 多个曼彻斯特文哲学会（MLPS）早期成员传记资料的调查，考察了 19 世纪英国的科学环境（Thackray，1974）；马林斯（Mullins）利用群体志方法探讨了微生物学这门学科发展的社会过程（Mullins，1972）。此外，在涉及实验心理学、数学及射电天文学的历史研究中，也出现了许多群体志个案研究（Ben-David and Collins，1966）。

CERN 作为一个国际组织，建立和运行该组织的成员身份复杂，借助群体志研究可以使复杂的人员组织构成转变为清晰的脉络，描述出二战后第一个欧洲层面的科学实验室的组织结构和运作方式；同时，可以判断分别是哪些类型的人物在建立和运行这样的跨国层面的科学组织过程中起到了关键作用。

本书的研究对象是从 1950 年 CERN 构想的提出到 1965 年 CERN 步入正轨这一时间段参与其中的 100 名成员。各个成员的资料主要来自：CERN 组织编写的关于 CERN 历史的官方版本——《CERN 的历史》（*History of CERN*）（Hermann et al.，1987）；CERN 官方网站上的 CERN 档案，以及其组织成员所撰写的纪念性、总结性文章①，这些档案和文献对于我们了解组织成员的生平很有帮助；此外，Giuispie 著的《科学家传记辞典》（1970～1980 年）里也有大量相关介绍。CERN 总干事科瓦尔斯基（Kowarski，1995）和温泽尔（Wentzel，1953）简述了 CERN 的成立过程；马利纳（Malina，1950）和诺伊斯（Noyes，1950）讲到联合国教科文组织在其中所起的作用；CERN 同时也是二战后欧洲及世界科学-政治格局的特征的反映，

① CERN Courier. 网址：http：//library. web. cern. ch/library/Archives/biographies/Biographical. html。该网址包含所有成员的背景资料、他们在 CERN 工作的回顾，以及对部分成员的纪念性文章，这些材料均为档案或原始材料的扫描件。

因此了解 CERN 所处的时代背景也很重要，玛格丽特·高英（Margaret Gowing）的著作对于我们了解原子时代的背景及英国在当时所处的地位非常有帮助（Gowing，1974）。

二、CERN 的概况

CERN 成立于 1954 年 9 月 22 日，总部位于瑞士日内瓦，经过半个多世纪的发展，已成为世界上最大的粒子物理研究中心。最初，CERN 的签字发起国有 12 个，而今它由 20 个成员国组成，包括科学家、工程师、技术人员、行政人员约 3000 人。其研究计划由来自 80 多个国家和地区的 6500 名研究人员实施，全世界约有二分之一的粒子物理研究人员曾参与其中。

CERN 为核子物理学研究提供必要的工具，它拥有的主要实验设施有：世界上最大的大型正负电子对撞机（LEP）、超大型质子同步加速器（SPS）、28GeV 质子同步加速器（PS）、反质子减速器（AD）、大型强子对撞机（LHC）等。

CERN 创始人的一个梦想就是在“大科学”上使欧洲扬名天下，经过半个多世纪的努力，他们的梦想终于成为现实。CERN 中不仅有 6 名成员获得了诺贝尔奖，而且吸引了诺贝尔奖获得者到 CERN 工作。CERN 成立之时就邀请费利克斯·布洛赫（Felix Bloch）担任实验室主任①；1983 年，丁肇中（Samuel Chao Chun Ting）选定在大型正负电子对撞机上开展他的新探索；卡罗·鲁比亚（Carlo Rubbia）和西蒙·范德梅尔（Simon van de Meer）因发现弱相互作用载体 W 和 Z 粒子而获得 1984 年诺贝尔物理学奖；杰克·斯坦伯格（Jack Steinberger）与利昂·莱德曼（Leon Lederman）、迈尔·施瓦茨（Mel Schwarts）因发现中微子而获得 1988 年诺贝尔物理学奖；乔治·夏帕克（Georges Charpak）因发明和开发高能物理探测器，尤其是多丝正比室（multiwire proportional chamber）而获得 1992 年诺贝尔物理学奖，该探测器已被用于生物学研究，并可能在未来取代生物学中的放射照相技术。

1954 年至今，CERN 不仅在科研方面取得了巨大成功，而且成为科技成果转化应用于生产的典范。毫不夸张地说，CERN 对欧洲科技的整体发展起到了不可或缺的作用。

---

① 费利克斯·布洛赫，瑞士裔美国人，与米尔斯·普策尔（Mills Purcell）因开发核磁场精确测试新方法而获得 1952 年的诺贝尔物理学奖。

三、对 CERN 创建初期成员的群体志分析

在 CERN 成立过程中，对它能否建立起决定意义的是从事行政管理工作较多的相对年龄较大的科学家，他们敏锐地观察到了二战后欧洲经济合作组织和欧洲理事会等一系列欧洲层面上的社会经济活动对科技发展带来的影响。而在实验室成立之后，运行实验室、参与实验室科研活动的则是从事科研工作较多的年轻科学家。

从表 4-1 中可以看出，CERN 成立时，参与活动的成员的平均年龄是 51 岁，其中 40～54 岁的成员居多，55～64 岁的次之；而 1960 年后，参与人员普遍年轻化，平均年龄降低到 46 岁，其中 35～54 岁的人占多数，而来自奥地利的库默・沃尔夫冈（Kummer Wolfgang）只有 25 岁。

表 4-1　1954 年及 1960 年 CERN 成员年龄分布

年份	25～29岁	30～34岁	35～39岁	40～44岁	45～49岁	50～54岁	55～59岁	60～64岁	65～69岁	70～74岁	平均年龄
1954	0	3	3	10	15	13	8	7	3	3	51
1960	1	4	11	12	10	11	4	4	1	1	46

资料来源：笔者根据 *History of CERN* 中的 Who's Who 部分自行统计整理

从表 4-2 可以看出，就各国参与 CERN 创建及初期运行的人数而言，英、法两国一直保持参与者众多，其他国家的成员则较少。英国籍成员较多的原因在于英国是二战后三个核大国之一，核领域的研发实力远远领先于欧洲其他国家；法国籍成员较多的原因则在于法国在二战后的基本策略是与美国保持距离，但积极倡导欧洲联合。CERN 的建立与其基本策略相一致，同时还可以缩小法国在核研究领域方面与三个核大国之间的差距。美国虽然不是欧洲国家，但是它与欧洲各国的联系非常紧密，核物理研究的实力雄厚，因此在马歇尔计划实施以后，美国科学家（或欧裔美国科学家）也参与了 CERN 的成立和运行。

表 4-2　1954 年及 1960 年 CERN 成员国籍分布

年份	荷兰	比利时	美国	德国	丹麦	意大利	瑞典	挪威	瑞士	法国	英国
1954	3	3	4	4	4	5	5	6	7	10	14
1960	2	4	2	9	1	5	3	3	4	11	14

资料来源：笔者根据 *History of CERN* 中的 Who’ s Who 部分自行统计整理

CERN 成立之后，各参与国的参加人数与各国财政投资比例是否一致？从表 4-3 可以看出并不完全相关。法国和英国投资比例最大，参与 CERN 建

立的人员也最多；在CERN成立及运行中参与人员变化幅度最大，并与国家的财政投资形成鲜明对比的是德国，这与德国的战争背景有关。德国参加CERN的态度非常积极，但20世纪50年代核物理研究仍带有军事色彩，作为二战战败国的德国始终被其他国家的科学家排除在外。因此，德国虽投资很多，但参与其中的人员却很少。为此德国著名科学家维尔纳·海森伯（Werner Heisenberg）在CERN议会中针对该问题表达了德国的不满，议会考虑了德国的意见并逐渐增加了德国的人员数量。

表4-3　1954年CERN各成员国参与人数与财政投资比例对照表

项目	希腊	南斯拉夫	荷兰	比利时	德国	丹麦	意大利	瑞典	挪威	瑞士	法国	英国
人数/人	0	0	3	3	4	4	5	5	6	7	10	14
投资比例/%	0.97	1.93	3.68	4.88	17.70	2.48	10.20	4.98	1.79	3.71	23.84	23.84

资料来源：笔者根据*History of CERN*中的Who's Who部分自行统计整理

在整理参与CERN创建及初期运行的各个成员的资料时，我们根据它们在CERN开始构想到正式成立这段时间所起的作用，把它们划分为四类角色：行政管理者、研究者、科学管理者和把关者（表4-4）。行政管理者在建立和运行CERN的过程中人员数量相对稳定，大多负责规章制度的制定、主要实验设备的采购、人员和技术服务等方面的工作，为确保CERN的顺利运行提供后勤保障，在本书中不作详细讨论。下面具体分析研究者、科学管理者及把关者在CERN中的作用。

表4-4　1954年、1960年CERN成员角色细分统计表

年份	把关者角色	科学管理者角色	研究者角色	行政管理者角色
1954	12	33	10	10
1960	—	30	19	10

资料来源：笔者根据*History of CERN*中的内容自行统计分类整理

1. 研究者角色：来自欧洲核物理研究三大学派的支撑

研究者是指主要从事科学研究的人员，这样的成员在CERN建立的过程中相对较少，但是在运行过程中则大幅增加（表4-4）。对构建CERN的研究者进行深入分析，可以发现他们大体来自以下三个学派：剑桥学派、哥本哈根学派和巴黎学派。不同学派的成员在CERN中承担的职责也不尽相同。

英国的核物理研究在欧洲处于领先水平，来自剑桥学派的科学家是参与CERN建立和运行的主力军。他们无论是否是英国籍（图4-1，图4-2），都曾在剑桥大学卡文迪什实验室（Cavendish Laboratory）学习或者工作过。其中，詹姆斯·查德维克（James Chadwick）、帕特里克·布莱克特（Patrick M. S. Blackett）、约翰·考克劳夫特（John Cockcroft）、塞西尔·鲍威尔（Cecil Powell）、乔治·汤姆森（George Thomson）都是获得过诺贝尔奖的知名科学家。除英国本土的核物理学家外，很多参与 CERN 的外籍科学家也深受卡文迪什实验室的影响。譬如，以约翰·布卢伊特（John P. Blewett）为代表的美国科学家、以阿玛尔迪和吉尔伯托·贝尔纳蒂尼（Gilberto Bernardini）为代表的意大利科学家，以及以尼尔斯·玻尔（Niels Bohr）为代表的哥本哈根学派都曾受过欧内斯特·卢瑟福（Ernest Rutherford）的指导，并与卡文迪什实验室有密切合作。玻尔更是卢瑟福的高徒。也正是这些在 CERN 成立之前的学术交流加速了 CERN 构想的传播和实现。

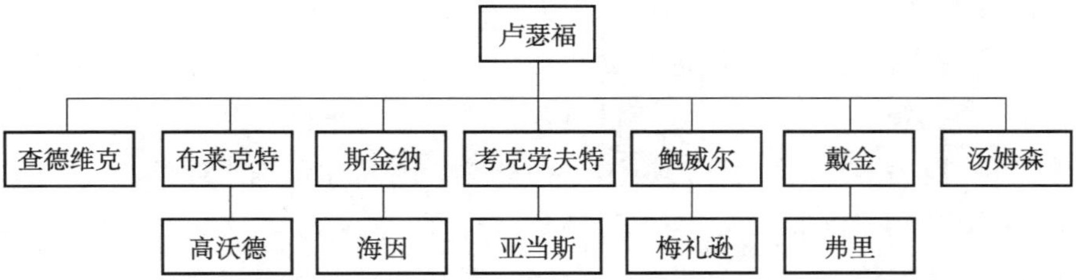

图 4-1　CERN 中属于剑桥学派的英国本土科学家

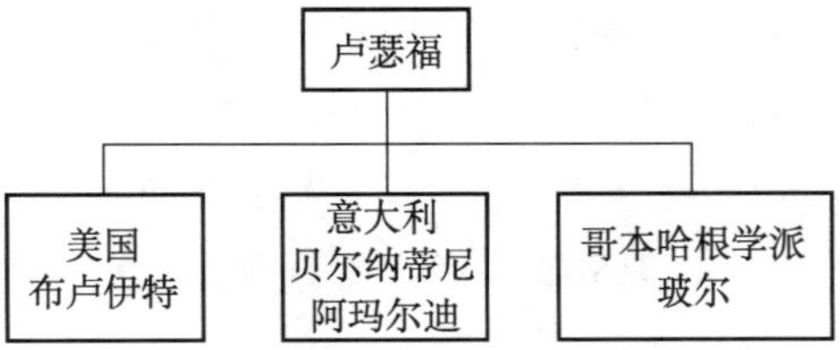

图 4-2　CERN 中受剑桥学派影响的非英国本土科学家

资料来源：笔者自行统计整理

英国是现代实验科学的发源地之一，卡文迪什实验室从詹姆斯·麦克斯韦（James Maxwell）任第一届卡文迪什实验室教授时就建立了以实验为基础的研究方法、以实验室自制简单仪器和学生自己动手实验为规则的研究传统。同时，在学术方面，粒子说是以卡文迪什实验室为代表的剑桥学派的主要观点，这一观点指导约瑟夫·汤姆森（J. J. Thomson）发现电子和卢瑟福揭开原子的奥秘，并在卢瑟福任卡文迪什实验室教授时发展到了一个高峰。总之，实验和归纳的研究传统、粒子说的基本信念促成卡文迪什实验室在 20 世纪初核物理和原子物理方面做出许多重大发现。这种传统对参与 CERN 构建的科学家有很大的指导作用，考克劳夫特继承了卡文迪什实验室的优良传统，主持英国原子能事业，建立哈维尔（Harwell）研究中心并致力于建造加速器研究原子的内部结构，向 CERN 输送了很多加速器建造方面的人才。

CERN 成立后的主要目标是建造 28GeV 质子同步加速器，其中的主力人员——弗兰克·高沃德（Frank Kenneth Goward）、约翰·亚当斯（John Adams）、梅尔文·海因（Mervyn G. Hine）在加入 CERN 时都是哈维尔研究中心的研究人员。受考克劳夫特指导的唐纳德·弗里（Donald William Fry）、埃里克·梅礼逊（Alec Merrison）均参与了 CERN 的创立和管理。

同时，卢瑟福的个人魅力也不容忽视。首先，卢瑟福本人来自英属殖民地新西兰，在异国他乡从事科教工作近 40 年，他的经历决定了他认为科学无国界，应该打破国家与民族的界限。因此，在卢瑟福任职期间，一方面与其他国家的物理学家广泛合作，对 CERN 影响深远的意大利科学家阿玛尔迪、丹麦科学家玻尔都与卢瑟福联系密切；另一方面卢瑟福在培养学生时打破国家、种族和信仰的界限，使世界各地的优秀人才云集卡文迪什实验室①。卢瑟福的性格特点使实验室形成了一种科学的国际性氛围，他的学生们在潜意识中形成了开放的心态、与各国科学人员合作的习惯，这些都对 CERN 的建立具有非常重要的意义。其次，卢瑟福爱好和平，具有崇高的国际主义精神。一战爆发时，他放下了手头的核物理研究，积极从事反对侵略战争的军事科学研究。二战爆发前，他竭力救援被希特勒赶出德国的犹太知识分子。在他的带动下，参与 CERN 建造的卡文迪什实验室科学家们大都具有军事背景。考克劳夫特、赫尔伯特·斯金纳（Herbert W. B. Skinner）、高沃德、乔治·汤姆森、布莱克特、弗里、海因和亚当斯都曾为英国海军下属的电信科学研究院雷达实验室服务，考克劳夫特、萨缪尔·戴金（Samuel Dakin）、亚当斯、梅礼逊、哈瑞·麦尔维尔（Harry Melville）和理查德·朋奈（Richard W. Penney）都在二战期间加入了为英国军队提供物资的供应部的工作。最后，卢瑟福本人曾担任英国皇家学会主席，任职期间非常重视国际科学交流，参与 CERN 的他的学生大多是英国皇家学会的成员，在 CERN 建立之前，正是英国皇家学会派这些科学家以观察者的身份旁听 CERN 的临时会议，为英国本土科学家介绍 CERN 的概况，推动了英国加入 CERN 的进程。

玻尔是哥本哈根学派的领袖，他在哥本哈根大学创建了哥本哈根理论物理研究所（Institute for Theoretical Physics），使之在量子力学兴起时期成为全世界最重要、最活跃的学术中心，这就是物理学史上有名的哥本哈根学

---

① 卢瑟福的学生来自十几个国家，由他直接培养并沿着他指导的研究方向进行研究而获诺贝尔奖的达 10 人，这些人包括索迪（Frederick Soddy）、阿斯顿（Francis W. Aston）、玻尔、威尔森（C. T. R. Wilson）、哈恩（Otto Hahn）、查德维克、布莱克特、考克劳夫特、瓦尔顿（Ernest T. S. Walton）和卡皮查（Pyotr Leonidovich Kapitsa）。这些人分别来自爱尔兰、丹麦、德国和苏联。

派。玻尔沿袭了卢瑟福崇尚民主和鼓励自由讨论的特点；在性格方面，玻尔比卢瑟福更为开放，相比于卡文迪什实验室，哥本哈根理论物理研究所中聚集了更多不同国籍、语言、文化和性格的科学家。玻尔自身的幽默、热情也使他比卢瑟福更具凝聚力，参与 CERN 建设的很多科学家是哥本哈根学派中的代表人物。如图 4-3 所示，哥本哈根学派中既包括德国二战后的科学代言人海森伯，也包括欧洲裔美国著名科学家布洛赫、魏斯科普夫等。在他们的带动下，欧洲很多年轻的科学家对 CERN 表现出积极的兴趣。例如，丹麦科学家克雷斯蒂安·默勒（Christian Møller）在玻尔退休后来到理论物理部门（Theoretical Physics Division）工作，意大利科学家贝尔纳蒂尼在美国留学时在拉比的游说下回到欧洲加入同步电子回旋加速器（SC）的建造团队。

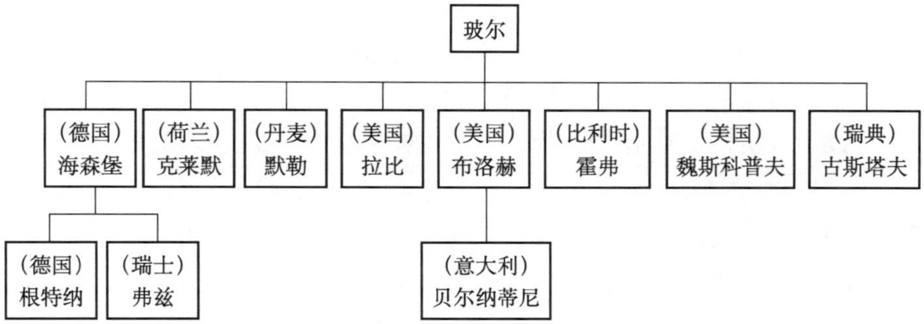

图 4-3　CERN 中属于哥本哈根学派的科学家

资料来源：笔者自行统计整理

当然，哥本哈根学派也有一些不同于剑桥学派的特色。相比于英国，欧洲大陆的科学思想更偏重于演绎和数学推理，因此哥本哈根学派更擅长科学理论的构建。哥本哈根学派学者中除玻尔、海森伯在 CERN 的科学政策委员会（Scientific Policy Committee）中任职外，其他的科学家如默勒、利昂·霍弗（Léon van Hove）等主要承担了理论物理部门的工作。

参与 CERN 创建及初期运行的科学家中第三个大的学派是巴黎学派，属于这个学派的法国本土科学家们的科研经历都比较集中（图 4-4）。首先，他们都在约里奥-居里（Joliot-Curie）夫妇的指导下从事研究。居里夫妇长期领导法国原子能委员会，并领导建成了法国第一个原子核反应堆。其次，他们都是法兰西学院的成员，形成一股集体力量，共同推进 CERN 的成长。如图 4-5 所示，相比于卡文迪什实验室，CERN 中受巴黎学派影响的欧洲其他各国科学家较少。巴黎学派在 CERN 中所承担的主要是与 28GeV 质子同步加速器相关实验的配套工作，如科学技术服务部门（Scientific and Technical

Services Division)、径迹室部门（Track Chambers Division）等。

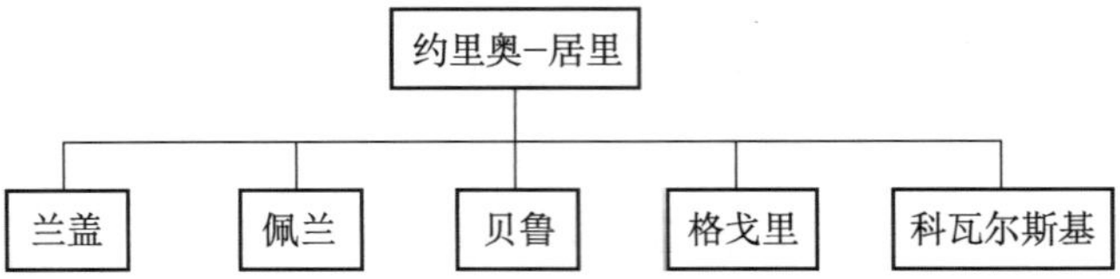

图 4-4　CERN 中属于巴黎学派的法国本土科学家

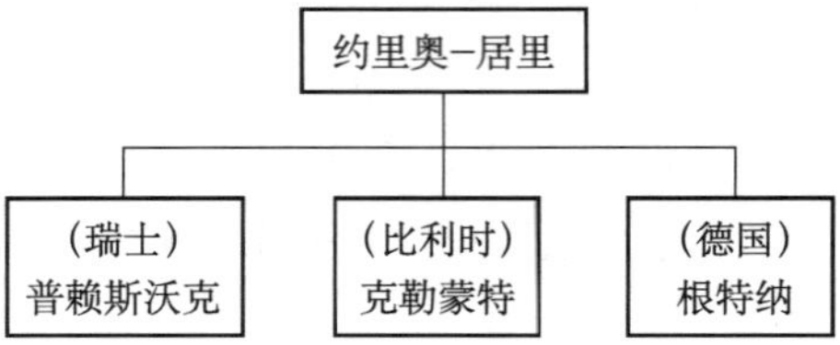

图 4-5　CERN 中受法国学派影响的非法国本土科学家

资料来源：笔者自行统计分类整理

由以上分析可以看出，剑桥学派、哥本哈根学派及巴黎学派作为当时欧洲核物理研究的三大主流学派，各有其自身独立的研究传统、范式或风格，但三派精英均积极参与了 CERN 的创建及运行；CERN 的创建进一步促进和强化了学派之间原有的学术互动和交流，并为不同学术范式的汇聚、共融乃至打破学派边界展开深层次的合作研究提供了平台。在 CERN 成立之前，英国和法国的核物理学家之间的交流较少，通过 CERN 的日常工作，英国的海因与法国的伯纳德·格戈里（Bernard Goegory）、亨瑞·拉波特（Henri Laporte）之间联系密切；二战后，德国因为战争关系受欧洲各国排挤，被隔离于学术圈外，CERN 的成立大大加强了德国科学家与欧洲乃至美国科学家之间的交流。德国的安塞尔·齐特龙（Ansel Citron）曾被 CERN 官方派往美国布鲁克黑文国家实验室学习最先进的核物理知识，德国的克里斯托弗·施梅尔策（Christoph Schmelzer）成为 28GeV 质子同步加速器的负责人亚当斯的助手，加速器建成后回德国主持德国的加速器建设工作。

2. 科学管理者角色：联合国、各成员国政府及科学组织的贡献

科学管理者在建立 CERN 的成员中所占人数最多，他们大多是作为各个国家的代表来参与成立 CERN 的讨论的，其中很多人是年轻的科学家（大约 40 岁），在二战后本国的核物理研究所中担任领导职务。CERN 成立后，科学管理者还包括 CERN 的各个部门领导。CERN 中的很多成员扮演着双重角色：一方面是科学家，作为研究者出现在组织中；另一方面也兼任科学管理者。根据他们所担任的科学管理职能可把这些科学管理者分为三类（表 4-5）。

表 4-5　欧洲各国的科学管理者在 CERN 中扮演的角色

国家	相关国内科研管理机构代表	各国驻 CERN 代表	联合国代表
英国	科学技术研究部（DSIR）：布莱克特，戴金，金，洛克斯皮泽，麦尔维尔	考克劳夫特，费里，麦尔维尔	高沃德，金，朋奈
法国	国家科学研究中心（CNRS）：艾格，格戈里	佩兰，兰盖，瓦略何	艾格，卡朋，威尔，瑞根司德福，德洛斯，科瓦尔斯基
意大利	国家研究委员会（CNR）：科隆内蒂	阿玛尔迪	卡萨提，费雷蒂
德国	科学基金会（DFG）：赫克尔，海森伯	海森伯，赫克尔	
瑞士	物理学会（SPS）：梅思鰓，皮科特，谢勒	梅思鰓，皮科特	米萨尔，普赖斯沃克
比利时	科学研究基金会（FNRS）：德何普蒂尼，威廉斯	韦尔哈格，威廉斯	德何普蒂尼
丹麦	皇家科学研究会（RDSS）：默勒，尼尔森	尼尔森，玻尔	玻尔
荷兰	皇家科学院（AOS）：巴克	巴克，班尼尔	巴克
挪威	皇家科学与工业研究理事会（SIR）：休姆皮，沃格兰	达尔，海勒拉斯，赫鲁兹马克，沃格兰，休姆皮	达尔
瑞典	瑞典国家科学研究理事会（NSRC）：冯克，阿尔文	阿尔文，古斯塔夫森，尤纳斯，兰德斯	阿尔文，冯克，瓦勒

资料来源：笔者根据 *History of CERN* 中的内容自行统计分类整理

首先，很多 CERN 的科学家是本国科研管理机构的一员。例如，在英国，积极投身于 CERN 创立的科学家布莱克特、戴金、亚历山大·金（Alexander King）、本·洛克斯皮泽（Ben Lockspeiser）、麦尔维尔都是 1915 年成立的科学技术研究部的成员；海森伯和亚历山大·赫克尔（Alexander Hocker）是德国科学基金会的高级官员。各国的科学管理者为 CERN 的资金注入提供了强有力的保障。除英国以外，其他欧洲国家也开始意识到科学技术的巨大威力，科学的发展从科学家个人的“小科学”活动向政府组织的“大科学”计划转化，各国的政府部门逐步建立了制定科技政策、管理科学资金的相关部门。CERN 的成立正值各国的科技管理部门初创时期，相比于以后成立的欧洲南方天文台、欧洲原子能共同体，各国对科研资金的控制力度相对较小、科研管理机构内部的官僚气氛比较薄弱。所以在欧洲各国科学管理者的努力下，CERN 在筹划和创建之时资金充足，直到 20 世纪 60 年代中期才出现了各国政府阻碍资金预算的严重问题。

其次，一部分科学家也是本国派往 CERN 的代表，他们对 CERN 的态度直接影响到各国对 CERN 的支持程度。这些代表，如比利时的朱利安·韦尔哈格（Julien Verhage）和简·威廉斯（Jean Willems）、法国的弗兰西斯·佩兰（Francis Perrin）、丹麦的雅各布·尼尔森（Jakob Nielsen）、德国的海森伯和赫克尔、意大利的古斯塔沃·科隆内蒂（Gustavo Colonnetti）、荷兰的简·班尼尔（Jan Bannier）、瑞典的伊瓦尔·瓦勒（Ivar Waller）、瑞士的阿尔伯特·皮科特（Albert Picot）和保罗·谢勒（Paul Sherrer）、英国的洛克斯皮泽等，从 1951 年起就参与临时组织的会议，而且在 CERN 成立后继续投身其中。随着时间的推移，越来越多的代表融入 CERN 的大家庭，却几乎看不到以前的代表离开。各国代表的执著反映了 20 世纪 50 年代核物理的巨大声望，以及建立全世界最大的 28GeV 质子同步加速器给科学家们带来的震撼和吸引力。

最后，还有一部分科学家开始是以各国驻联合国代表的身份加入 CERN 的。早在 1951 年，时任联合国教科文组织总干事的皮埃尔·艾格为实现 CERN 的构想，成立了一个由各国驻联合国的科学代表组成的咨询小组，方便与欧洲各国联系，并协助艾格的工作。这些人有高沃德、布鲁诺·费雷蒂（Bruno Ferretti）、简·米萨尔（Jean A. Mussard）、皮特·普赖斯沃克（Peter Preiswerk）、奥德·达尔（Odd Dahl）、汉纳斯·阿尔文（Hannes Alfvén）等，他们与艾格一起最终使 CERN 从一个临时组织变成一个官方认可的机构。不仅如此，CERN 代表的稳定性也同样在联合国代表中得到集中体现。最初服务于联合国教科文组织的科瓦尔斯基、达尔、康纳里斯·巴克（Cornelis Bakker）、高沃德和普赖斯沃克都成为 CERN 成立之初的各个主要部门的负责人。除高沃德因病逝世由亚当斯接手他的工作之外，CERN 成立之初指定的这些重要的领导人无一人离开。

总之，各国科学管理者利用自己在国内科研管理机构中的职位、国外跨国层面组织代表的身份，坚定不移地促成了 CERN 的成立和进一步运转。

3. 把关者角色：关于 CERN 第一任主任选举

根据默顿在《科学社会学》中的划分，把关者分布于各个科学组织和机构之中，对于处在职业生涯每一个阶段的科学家（从年轻的新手到年长的老手），他们会持续或定期地评价其角色表现，并且提供或剥夺其机会（默顿，2003）。在建立 CERN 的 65 名成员中，约有 10 人具有把关者角色的职能，他们分别是：玻尔、科隆内蒂、查德维克、考克劳夫特、拉乌尔·多特里

(Raoul Dautry)、海森伯、金、洛克斯皮泽、拉比、威廉斯。他们中大部分人在科学领域获得了杰出成就，享有崇高威望，也是本国和各个国际组织中的科学管理者。这些把关者的作用在 CERN 选举第一任主任（Director-General）的过程中得到充分体现。

早在 CERN 的理事会（Council of CERN）成立时，理事会的成员就提出尽快决定 CERN 的第一任主任，领导 CERN 的日常运行。出于 CERN 是一个纯科学组织的角度，理事会推选出五名科学管理者作为提名委员会委员（Nomination Committee），负责决定 CERN 第一任主任的人选。鉴于提名委员会成员并没有参与当时 CERN 的实际运作，理事会要求他们在选择候选人时需要考虑执行委员会①（Executive Group）成员的意见；又鉴于 CERN 虽然是一个纯科学组织但是还具有很强的欧洲各国联合的色彩，理事会要求提名委员会也要积极与各国政府代表交流，听取他们的建议。

提名委员会主席是法国著名核物理科学家佩兰，委员会成员包括玻尔、考克劳夫特、科隆内蒂、海森伯、谢勒。他们实际上扮演了把关者角色，具体信息如表 4-6 所示。

表 4-6　提名委员会委员资料

成员	国籍	教育/留学背景	担任职务	研究经历
佩兰（主席）	法国	巴黎大学 美国哥伦比亚大学	法国原子能委员会的重要成员	参加法国的原子弹研制工作，法国原子弹之父
玻尔	丹麦	哥本哈根大学 英国曼彻斯特大学师从卢瑟福，剑桥大学师从汤姆逊	丹麦皇家科学院院长和原子能委员会主席	哥本哈根学派的领袖，量子力学创始人之一，诺贝尔物理学奖获得者，美国原子弹研制工作主要参与人
考克劳夫特	英国	曼彻斯特大学 英国剑桥大学师从卢瑟福	英国哈维尔原子能研究所主任	诺贝尔物理学奖获得者，美国原子弹研制工作主要参与人
科隆内蒂	意大利	意大利都灵大学工程学系	意大利国家研究理事会的主席	对结构工程中的弹性理论的发展有很大贡献
海森伯	德国	慕尼黑大学，哥根廷大学 丹麦哥本哈根大学	德国科学基金会会长 马克斯·普朗克物理学研究所	量子力学的创始人之一，哥本哈根学派的重要成员，诺贝尔物理学奖获得者，二战时期纳粹德国核武器研究领导人，战后德国科学重建的关键人物

① 执行委员会主要负责 CERN 的实际运作、加速器的建造，其成员都是巴克的同事。

续表

成员	国籍	教育/留学背景	担任职务	研究经历
谢勒	瑞士	瑞士联邦苏黎世高等理工学院	苏黎世高等理工学院物理研究所所长 瑞士联邦原子能研究委员会主席	瑞士核物理研究的领导人物

资料来源：笔者自行搜集整理

由表 4-6 可以看出，CERN 提名委员会的成员不仅都是杰出的科学家和科学管理者，而且彼此联系紧密，其中玻尔最为年长，考克劳夫特是卢瑟福的学生，海森伯又是玻尔的学生（尽管二战后两人关系并不像以前那么密切）。卓越的科学成就使他们在促进 CERN 成立过程中享有很高的话语权，他们的师承关系、私人友谊又使他们在领导 CERN 时彼此配合默契。

由图 4-6 可以看出，提名委员会在决定 CERN 的第一任主任时，第一轮选举有五个人列入了他们的候选人名单，但最后除了巴克之外，其余四个人都被否决。

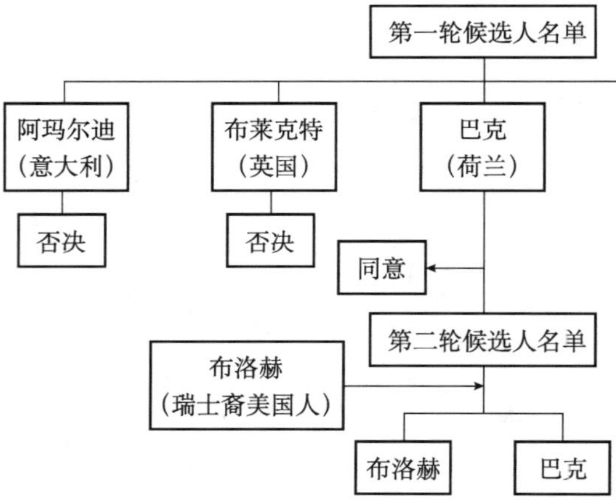

图 4-6 CERN 第一任领导筛选过程图

资料来源：笔者根据 *History of CERN* 中的内容自行整理

由表 4-7 可以看出，在第一轮选举中五名候选人就有四人被否决了。除亨德里克·卡西米尔（Hendrik Casimir）外，阿玛尔迪、布莱克特和艾格三人都是由于其背后的政治色彩被否决。

表 4-7 四名候选人被否决原因列表

姓名	被否决原因
阿玛尔迪	属于“拉丁派系”国家，不符合“英、德、北欧派系”国家的要求
布莱克特	左翼科学家，增加实验室的政治色彩，影响与美国的合作

续表

姓名	被否决原因
艾格	属于“拉丁派系”国家，不符合“英、德、北欧派系”国家的要求
卡西米尔	本人不愿意

资料来源：笔者根据 *History of CERN* 分类整理

第一轮选举结束时，只剩下唯一合适的候选人即巴克。但提名委员会的成员对此并不满意。玻尔、海森伯和考克劳夫特等希望能选择一个世界知名的科学家作为 CERN 的第一任领导，这样不仅能提高 CERN 的声望，吸引更多更优秀的人才来到 CERN，增强实验室的科研潜力，而且能满足欧洲各国代表的要求。在搜寻中，布洛赫进入了他们的视线。

由表 4-8 可以看出，无论从自身的求学经历、研究经历还是从科学成就看，布洛赫的确更胜一筹。但是选举并非单纯地取决于个人经历的优劣，出于各自不同的角度，提名委员会、执行委员会及各国代表的意见并不一致。

表 4-8　布洛赫和巴克的比较

姓名	国籍	求学经历	研究经历	科学成就
布洛赫	美裔瑞士人	毕业于苏黎世大学，曾师从谢勒、海森伯、玻尔	曾参与曼哈顿计划、后任斯坦福大学教授	因发展核磁精密测量的新方法获得 1952 年诺贝尔物理学奖
巴克	荷兰	毕业于阿姆斯特丹大学，师从著名物理学家齐曼	阿姆斯特丹大学教授，荷兰核物理中心核物理研究所主任	一直负责建造 CERN 的同步电子回旋加速器，具有很高的组织和领导才能

资料来源：笔者自行搜集整理

提名委员会成员都支持布洛赫，六名提名委员会成员中，三名与布洛赫有师承关系，其他三名成员均强调布洛赫曾获得诺贝尔奖，他们共同的出发点就是希望 CERN 的第一任主任是世界知名的科学家；而参与 CERN 实际运作的执行委员会都倾向于巴克，达尔、亚当斯等考虑到 CERN 的主要目标就是要建造加速器，而巴克在这方面的组织领导才能都很突出，更适合 CERN 的实际工作。

从欧洲的地理、文化历史渊源来看，参与 CERN 的成员国分为两派：英国、德国、挪威、瑞典、荷兰和丹麦属于一派，这些国家在成员数量、科研实力和对实验室的资金投入上都占优势，且都与美国联系紧密，布洛赫作为瑞士籍美国人赢得了英国、德国及北欧国家等大部分成员国的支持；而以法国、意大利为代表的拉丁国家只占少数，他们与美国关系并不亲密，决定支持巴克，当然荷兰作为巴克的祖国也支持他。

最终，提名委员会的决定占了上风，作为诺贝尔奖获得者的布洛赫不仅符合他们所期望的世界知名科学家，而且增进了日后 CERN 与美国的交流合作。但考虑到 CERN 成员国的意见，任命布洛赫为实验室主任，阿玛尔迪为副主任，巴克为实验室科学团队的领导，阿玛尔迪和巴克共同帮助布洛赫完成实验室的各项事务。

在某种意义上，可以认为，上述曲折而复杂的选举过程恰恰是各成员国之间，以及各成员国与美国之间的制衡关系的表现。布洛赫的补充提名及当选并不只是因为他是玻尔等的学生，也不只是因为他曾获得过诺贝尔奖，在这些公开的理由背后起决定作用的原因是：布洛赫当选首届主任有利于各成员国利益在 CERN 内部管理结构中得到均衡，同时也有利于得到美国更多的支持。事实上，早在 1948 年，多特里和艾格、阿玛尔迪就提到过建立欧洲层面上的跨国家实验室，法国、意大利对此积极响应，但英、德和北欧等国害怕这样会使他们与美国的关系恶化，反应冷淡，最终未能实现。但当 1950 年，美国核物理学家拉比在联合国教科文组织大会上提出美国帮助欧洲振兴科研的提案时，CERN 的建立才有了实质性进展。在选举 CERN 第一任主任时，同样由于候选人的国籍，以及因此带来的各成员国之间的冲突，导致选择一个欧洲本土的科学家作为领导非常困难，最终还是采纳提名委员会的方案，选择了布洛赫作为其首任主任。布洛赫在担任主任一年后因不愿意管理行政事务回到斯坦福大学，荷兰的巴克填补了布洛赫的任期，巴克因飞机事故去世后，英国的亚当斯接替了他，但这两人的任职并非经过正式选举产生。在实验室的加速器建造完成、开始开展科研活动的 1960 年，CERN 的理事会重新选举主任，这一次与上次如出一辙，最终选择了与布洛赫背景相似的奥地利裔美国科学家魏斯科普夫担任实验室的新任领导。

追求均衡本是国际关系中普遍使用的原则，但是在建立跨越国家层面的科学组织时也能看到均衡原则的重要性。美国人拉比的存在对欧洲的意义在于不仅使欧洲各国有了强有力的技术支持，而且意味着亲美的欧洲国家愿意参与到欧洲科学联合行动中。而 CERN 前期的两任经选举选出的主任都是欧洲裔美国人，首先他们是欧洲本土出生的科学家，符合欧洲科学联合的要求；其次他们现在是美国人，这有助于化解欧洲不同派系之间及各成员国之间的争斗，促进不同成员国科学家之间的合作，同时有助于得到美国更多的支持和加强与美国的合作。

四、CERN 科学家的欧洲科学联合意识

从商讨 CERN 的可行性到 CERN 成立后共约 10 年（1950～1960 年）的

时间里，参与其事的人员非常固定，很少有人中途退出。实际上，在这种稳定性背后，有一种欧洲科学联合精神在起作用。当时，欧洲科学家及科学管理者面对战后的“大科学”发展趋势，迫切希望整合欧洲的科研力量和资源，建立跨国层面的实验室，发展欧洲意义上的科学，并以之带动战后欧洲重建及经济发展。

CERN 的建立过程与欧共体、欧洲原子能机构等组织的建立过程存在着很大的不同。后者均属于超国家层面的联合实体，在成立过程中，各国代表都是从本国利益出发，严格按照本国政府的要求协商谈判；而 CERN 的建立过程中情形则完全相反。参与 CERN 建立的各个代表仿佛是 CERN 派往各个国家的代表，站在 CERN 的角度与本国政府谈判。一系列的事实可以说明这一现象（Hermann et al.，1987）。

（1）参与 CERN 谈判的欧洲各国都派两名代表，一名是科学家，另一名是外交官。1952 年 10 月，CERN 临时议会的各个成员认为各国政府批准 CERN 作为一个正式实体存在还面临一定的困难，他们计划再开一次国际会议劝说各国政府同意 CERN 成为一个正式组织，但是后来这次会议并没有召开。原因就在于当各国的科学代表听说到这种情况时，积极与本国官员研究解决这一问题，有的甚至在国内还未召开正式会议决定是否最终参加 CERN 之前就已经代表本国在协议上签了字。

（2）1953 年 10 月，CERN 通知各国代表，28GeV 质子同步加速器在修建过程中的投资远远超出预算。各国科学代表得知这一消息的第一反应不是去质问 CERN 费用大幅上涨的原因，也不是与科学家们磋商能否减少预算，而是考虑如何说服本国政府增加投资，使 28GeV 质子同步加速器顺利建成。1954 年 6 月，科学家和建筑师通知各国代表，为了尽快完成 28GeV 质子同步加速器应在正式组织成立之前就开始动工修建厂房，各国代表又一次“擅自做主”，实验室建设在 CERN 正式成立六个月之前就破土动工。

（3）各国代表均采用循序渐进的策略使 CERN 顺利建成。在向本国政府汇报 CERN 的情况时，他们先告诉政府一些容易接受及非常确定的问题，然后步步进逼最后“迫使”各国政府正式加入组织。以法国和英国为例，1950 年年末，以艾格为代表的科学家建议组成临时议会，法国和英国代表都告诉他们的政府加入临时议会不会承担任何义务，也不会承诺加入 28GeV 质子同步加速器的构建。而随着事态发展，英国和法国都已经深陷 CERN 中不能自拔，纷纷改变了之前的承诺，最终带着大笔资金加入了 CERN。

总之，无论从参与建立 CERN 的成员的稳定性，还是从 CERN 参与国代表成员所采用的策略都可以看出，虽然 CERN 的成立过程困难重重，如英国政府的犹豫不决、修建 28GeV 质子同步加速器费用的节节攀升、实验室站点选择的左右为难等，但是这些艰难的问题被一一化解。之所以能够将 CERN 的构想变成现实，就是因为参与 CERN 建立的科学家和科学管理者们拥有一个共同的欧洲意识存在。欧洲意识是欧洲科学家们不懈努力的动力源泉，也是 CERN 作为一个组织跨越艰难险阻最终得以创建的决定因素。他们坚信只有跨越国家层面上的 CERN 才能联合欧洲各国的力量，适应战后以“大科学”为特点的科学发展新兴形式，在新一轮的科技革命中占有一席之地；他们坚信必须通过推进诸如 CERN 这样的欧洲科学组织建设才能重振欧洲科学，推动欧洲整体的经济发展。在理解这一点之后，我们对于以下事实就不会感到奇怪了：20 世纪 60 年代中期，是 CERN 的领导层而不是欧洲的生物学家们首先倡导创建 EMBL。

五、本章小结

本章通过对 CERN 创建初期核心成员为对象进行群体志分析，了解了这一核心成员群体的特征、理念、群体结构，以及 CERN 在当时的运行方式，并据此解析了以 CERN 为开端的欧盟科学技术的复杂性质，认为 CERN 容纳了不同的科学研究传统且极大地促进了它们彼此之间的互动，它的产生、存续和发展，为欧盟乃至世界科学在未来的制度化发展揭示了方向、提供了范例。在更深的意义上，CERN 的创建是欧盟科学技术制度化进程的始端，这种科学技术系统的确有着一些不同于通常所说的国家科学的特征，它在一定意义上淡化了成员国之间的政治冲突及意识形态对抗，在内部运行上重视合作更甚于竞争（有时甚至表现出反马太效应，如实验室选址常考虑后发国家优先的原则）。它有着更高的开放性和普遍性，能够有效地促成不同研究传统之间的互动和融合，而且，随着时代的发展尤其是冷战的结束，它将合作的范围扩展到整个世界（包括中国在内）而不再只限于欧盟成员国。

第五章

欧洲核子研究组织的运行状况

——国家科学与超国家科学的博弈

笔者在第四章中，已经对 CERN 创建初期核心成员进行了群体志分析，借以了解这一核心成员群体的特征、理念、群体结构，以及 CERN 在当时的运行方式，并据此解析欧盟科学技术发展初期科学实验室的复杂性质。本章则主要关注 CERN 运行之初的 20 年（1954～1974 年）科研运作模式的转变——CERN 的管理层为了制衡各国国家科研活动与欧洲层面科研活动、解决 CERN 内外科学家融合进行的机构改革。笔者希望通过科学计量学的方法研究 CERN 的论文合著情况，进而通过个案分析，描述机构改革中形成的大型科学联合体的组织特点，判断 CERN 的科研运作模式的转变是否发挥了实质作用，是否实现了致力于欧洲各国科学联合的宗旨。

一、实验室运作初始：两种层面的科学之间的博弈

自第一个大型仪器——600MeV 同步电子回旋加速器建成后，CERN 的实验步入正轨。由于 SC 并不是欧洲当时同类型仪器中最先进的设备，所以利用这台加速器的 CERN 内部科学家较多，来自欧洲其他科研机构及大学科学家组成的实验小组（Truck Teams）[①] 较少，各个小组不存在如何分配实验时间的冲突。但随着 28GeV 质子同步加速器的建成，各国科学家都对它

① Truck Teams 是 CERN 内部对非 CERN 内部科学家实验小组的统称。

趋之若鹜，这对 CERN 以前的实验安排提出了很大的挑战。根据 CERN 以往的规定，允许各国科学家自己携带相关设备在规定时间内做实验。现在如果要在新的 28GeV 质子同步加速器上做实验，必须安装泡室（bubble chamber）。这种泡室体积庞大，安装和日常维护都需要很大的人力和财力。CERN 在 28GeV 质子同步加速器建成后还没有足够的时间制作泡室，于是英国和法国科学家决定先利用本国的科研经费建成泡室并运往 CERN 所在地安装使用，而在两国泡室如何安装、运输和使用的问题上，CERN 各参与国产生了很大分歧。

1. 英国出资修建的泡室的安装和使用

1957 年 4 月，英国科学与工业研究委员会（DSIR）第一次商讨在 CERN 做实验要用的大型泡室，并于 1958 年 12 月拿出了可行性方案。1959 年 1 月，CERN 根据英国提交的可行性方案，表达了 CERN 对于泡室使用的基本原则：鉴于泡室占地面积大、日常维护复杂且耗资多，它不能仅作为一国的实验设备，而应是各参与国共享的仪器。CERN 管理层的构想是：泡室的日常运转由英国工程师来负责，实验计划则由 CERN 来决定，实验小组中也应该包含 CERN 成员和其他国家的科学家。经过反复协商，戴金①起草了下列协议（Hermann et al.，1987）。

（1）应该由一组工程师和科学家专门负责泡室日常维护及与泡室相关的研究工作。

（2）凡经泡室的粒子束实验计划都必须以 CERN 和成员国科学家共同组成的小组的名义提交，其中应该包括英国科学家。

（3）原则上，英国科学家享有一项特殊待遇：在分配该泡室中所拍摄的照片时，他们获得其总数的 25%。

但是，英国并不觉得这些协议使本国科学家享受到了更好的待遇。英方认为，协议中所提到的英国科学家享有的特殊待遇没有任何诱惑力，因为英国对 CERN 的投资比例就是 25%，得到的照片总数也是 25%。因此，CERN 应该承担将该设备运往日内瓦的费用。经过长达数月的磋商，英国科学家尽快利用 28GeV 质子同步加速器的渴望占据了上风，英国政府最终出资把该设备运往日内瓦。

2. 法国出资修建的泡室的安装和使用

1959 年 3 月，CERN 与法国关于泡室的谈判也提上了议事日程。法

① 戴金：CERN 机构运行管理部理事会成员之一，英国科学家。

国有两个泡室，一个是兰盖（Louis Leprince-Ringuet）带领巴黎综合理工学院（Ecole Polytechnique）物理学实验室制作的丙烷泡室（propane chamber），兰盖打算先把丙烷泡室连在国内的 3GeV 同步质子加速器（3GeV proton synchrotron）上，待日内瓦的加速器建成后再将该泡室运往 CERN。另一个是萨克雷（Saclay）制作的氢气泡室（hydrogen chamber），于 1960 年完工。

在与 CERN 实验室主任巴克商讨法国的泡室使用问题时，兰盖以为会遵循惯例，由本国科学家负责附加实验设备的携带、安装和维护，并自行决定实验内容与方法，只需要与 CERN 确认实验时间即可。但 CERN 却重申了他们与英国科学家协商使用泡室的基本原则：泡室应该让所有 CERN 参与国的科学家共同使用，即使法国出资修建了泡室也不能独享。事实上，当时 CERN 本身也打算建造一个丙烷泡室，并与法国建造丙烷泡室的专家们有非常密切的合作。此时，参与 CERN 和法国丙烷泡室的建造者共同商量了一个可行性方案：无论哪个丙烷泡室先建好，在泡室里进行的第一批实验都由法国和 CERN 共同组成的丙烷泡室实验小组来完成。这个方案得到了法国和 CERN 管理层的一致同意。

当这个可行性方案提交给科学政策委员会审议时，却遭遇到强烈的反对。科学政策委员会成员中代表意大利、德国科学家的阿玛尔迪、贝尔纳蒂尼和海森伯强烈反对这个方案。他们认为：首先，它完全忽略了 CERN 的基本原则——所有的大型设备都由各国科学家共享；其次，这一方案无视 CERN 在选择科学研究计划的基本要求，即是否具有科学研究价值才是能否进行实验的唯一标准。经过几番激烈讨论，CERN 最终与法国相互妥协（Hermann et al.，1987）。

（1）泡室的实验计划必须经过实验室主任、法国科学家和其他对泡室实验感兴趣的科学家共同批准，在泡室进行的第一批实验应该由法国科学家领导，并由法国科学家负责泡室的运行工作。

（2）以后在泡室运行的实验计划应该由各成员国的科学家共同参与，其中应该包括法国、CERN 和其他国家的成员。

与英国不同的是，法国享有可以在泡室进行第一批实验的特权。虽然在后来的讨论中，其他国家的代表都认为既然给予法国一定的优待，英国的泡室使用应该同法国一样，但此事后来不了了之，英国科学家也没有深究。

二、实验室运作中期：CERN 内外的均衡

20 世纪 60 年代中期至 70 年代，CERN 在实验室运作方面最大的问题转变为 CERN 内部成员与外部人员之间的矛盾。矛盾的产生来自两个方面：一方面是 CERN 决定建立 300GeV 超大型质子同步加速器（SPS），这意味着欧洲本土将出现同芝加哥的费米国立加速器实验室（Fermi National Accelerator Laboratory，FNAL）相媲美的世界上最先进的实验仪器，更多的科学家希望能来 CERN，欧洲的粒子物理学研究对 CERN 的依赖程度会越来越大。根据数据统计，1966 年年末约有 52%的欧洲粒子物理研究机构（指非 CERN 资助的实体）必须在 CERN 里做实验或处理数据；到了 1970 年，这一比例达到了 58%（Hermann et al.，1987）。在超大型质子同步加速器建成之前，四个 CERN 参与大国——英国、法国、德国和意大利的物理学家们至少可以在自己国家的实验室完成实验，随着超大型质子同步加速器和交叉碰撞储存环（ISR）的完工，会有大量的非 CERN 科学家希望能去 CERN。另外，技术方面的原因也导致外部成员在 CERN 逗留的时间增加。在 20 世纪 70 年代，新型电子探测器代替泡室成为粒子物理学家常用的设备，而这种新型仪器要求物理学家与掌握这些仪器的 CERN 实验成员紧密配合，外部人员在 CERN 的工作时间不得不加长。这两方面的原因使如何解决 CERN 成员和外来科学家的合作问题成为 CERN 管理层面临的最大难题。

CERN 管理层决定成立专门的工作小组对经常来 CERN 做实验的外部科学家做一些基本调查，以帮助解决他们在 CERN 遇到的困难。结果表明，外来科学家们最大的困惑在于他们不知道 CERN 如何选择实验计划。

事实上，CERN 实验计划的选择需要两个步骤。首先，CERN 会根据计划所属的研究领域，把它们分给四个子委员会：径迹室委员会（Track Chamber Committee）、电子实验委员会（Electronic Experiments Committee）、交叉碰撞储存环委员会（ISR Committee）和超大型质子同步加速器委员会（SPS Committee，SPSC）。这些委员会分别召开两次会议讨论实验计划，决定哪些将被采纳。一次是开放性质的会议，欢迎所有感兴趣的物理学家参加，大家畅所欲言；另外一次会议仅限于各个子委员会的管理人员参加，这些管理人员由外来科学家、在 CERN 现任职的科学家及曾经在 CERN 任职的高级研究人员组成（表 5-1）。各个子委员会讨论结束后，所有被选中的计划会提交给由实验室主任担任负责人的核子物理研究委员会（Nuclear Physics Research Committee）最终核准。虽然不同的子委员会召开会议的次序不尽相同，但实验计划的选择权基本上都取决于开放性质的会议讨论及在

场的所有科学家的意见，各个子委员会乃至最后核子物理研究委员会的批准只是程序，并无决定权。

表 5-1　1973 年时任 CERN 各个主要子委员会的成员组成表　（单位：人）

成员类型	电子实验委员会	径迹室委员会	交叉碰撞储存环委员会	超大型质子同步加速器委员会	核子物理研究委员会
外部人员	6	9	6	9	7
现任 CERN 成员	3	1	5	4	1
前任 CERN 管理者	2	5	7	10	14
领导者	马内利①	科瑞斯蒂②	邵铂③	莱曼④	延奇克（实验室主任）

注：①马内利（I. Manelli），就职于意大利国家核物理研究所比萨分所（INFN，Pisa）。
②科瑞斯蒂（M. Cresti），就职于意大利国家核物理研究所帕多瓦分所（INFN，Padova）。
③邵铂（Herwig F. Schopper），就职于德国电子同步加速器研究所（DESY）。
④莱曼（H. Lehmann），就职于法国奥赛（Orsay）核物理研究所。
资料来源：Hermann 等（1987）

根据工作小组的调查，外来科学家们对实验计划的选择程序并无不满。为了公平起见，各个子委员会的领导都由非 CERN 内部的知名科学家来担任。让他们觉得不公平的地方在于子委员会委员中以前在 CERN 任职的高级研究人员的数量太多，尤其在至关重要的超大型质子同步加速器委员会和核子物理研究委员会。这些高级研究人员以前都在 CERN 的各个部门中担任领导，他们在各个子委员会的职务是终身制，他们和 CERN 内部科学家们共事时，很可能通过各种场合，尤其是非正式场合透露许多有用的信息。

看到工作小组的分析报告后，CERN 管理层决定对各个子委员会进行改革。原本由 10～20 人组成的委员会改为 9 人，其中包含 2 位以前在 CERN 任职的高级研究员、2 位 CERN 现任成员、4 位外来科学家及 1 名秘书。委员会中曾在 CERN 任职的高级研究人员的终身制也改为两年轮换制，尽可能用严格的管理层轮换制度保证公平公正。

1972 年，CERN 就该实验室与欧洲各个大学和研究所的资源分配情况进行了调查，发现在 1966 年，欧洲高能物理研究所的经费中有 30%分配给了 CERN，这一比重在 1970 年增加到 39%，1972 年又陡然升到 46%。而欧洲各个大学的高能物理研究经费却十分紧张，1970 年，欧洲所有高能物理科研所和大学的总经费是约 37 400 万瑞士法郎，83.2%的经费用于支持研究所中 321 名物理学家的研究，分配给大学里的 408 名物理学家的资金仅占 16.8%（Hermann et al.，1987）。在这样的背景下，越来越多的非 CERN 科学家来到 CERN，CERN 不能以“招待客人”的方式对待他们，而应担当为非 CERN 科学家服务的角色，让他们尽可能参与到 CERN 的实验计划决策中，提供更方便、合理的工作环境。

三、用计量学方法分析 CERN 运作方式的转变

随着跨国或超国家层面科学活动的增加，人们开始尝试用各种方式勾画这种新的科学发展形式的轮廓，分析科学论文的合著情况成为研究这种层面科学的一种主要路径。对于科学论文合著情况的分析兴起于 20 世纪 70 年代末，有的学者对一些领域的核心期刊论文合著情况进行调查后发现，如果与其他人合著论文，文章的影响因子高于单独撰写论文的影响因子，这成为科学家们增加相互合作的动力（Beaver & Rosen，1979；Gordon，1980）。当然，伴随着与其他科学家交流的加强，尤其是跨国层面的互动，也会带来耗费财力和时间等负面效应（Katz & Martin，1997）。20 世纪 90 年代起，分析科学论文合著方法被广泛应用于解决不同的问题，有的研究者发现基础学科和应用学科的科学家之间的合作各有不同，相比于地球和空间科学领域，物理学家和数学家之间的交流更频繁（Frame & Carpenter，1979；Luukkonen et al.，1992）；科学之间的合作也有一定的地理倾向，语言、文化相似的两个国家的科学家们更容易共同工作（Bozeman & Corley，2004）；一些科学计量学家还从理论角度探讨了科学论文合著情况作为分析工具的优点和缺陷，提醒广大研究人员谨慎使用（Melin&Persson，1996）。调查论文合著用来评价跨国合作活动的研究越来越普遍，泡利·曼特森（Pauline Mattsson）等把欧盟成员国作为一个整体，比较欧洲与美国在各个主要研究领域的科研实力（Mattsson et al.，2008）。

1954～1974 年的 21 年间，粒子物理学获得大发展，这一时段也成为 CERN 的黄金时期。据统计，CERN 各参与国一开始就对该实验室投入巨资，CERN 的经费在 1974 年达到顶峰，此后逐渐削减，在大型正负电子对撞机装置完成后趋于稳定（图 5-1）。

这段时间内，CERN 相继建成了 600MeV 同步回旋加速器、28GeV 质子同步加速器、超大型质子同步加速器、交叉碰撞储存环，以及上线同位素质量分离器（ISOLDE）五个大型加速器，相应地，CERN 发表的论文也逐年增多。笔者从 CERN 的电子数据库及科学信息中心（Institute for Scientific Information，ISI）数据库中对 1954～1974 年 CERN 发表的论文做了统计，论文总数为 4251 篇，其中合著论文为 2942 篇，合著率达到 69.2%。对每一年的 CERN 发表论文分别统计（图 5-2），可以发现论文合著率逐年增高。尤其值得注意的是，当 1959 年世界上最大的 28GeV 质子同步加速器完

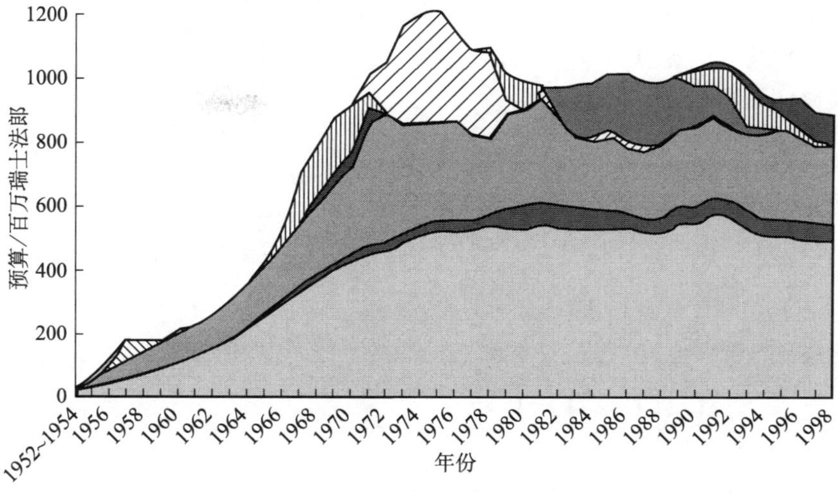

图 5-1 CERN 在 1998 年以前的预算

资料来源：Schopper（2009）

工后，CERN 的论文合著率陡然攀升。这一趋势在同步回旋加速器、交叉碰撞储存环建成之时同样可以看到。

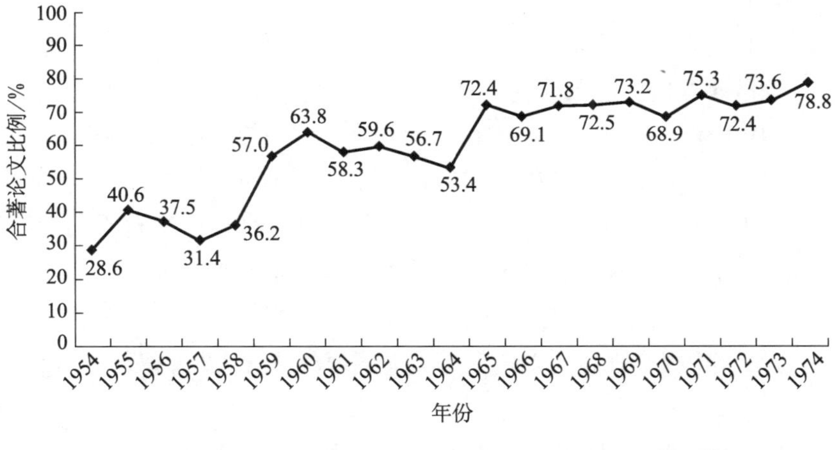

图 5-2 1954～1974 年 CERN 的合著论文总数占论文总数份额比较图

资料来源：笔者自行统计整理

对平均每年合著论文的平均作者数量逐一计算，可以看到另一番景象（图 5-3）。20 年来，随着机构的扩充、人员的增加，CERN 中合著论文的平均作者数大幅度增加，从 1959 年的平均一篇合著论文只有 2 个作者上升到 1974 年的平均一篇合著论文有 10 个作者。从 28GeV 质子同步加速器开始投入使用起，在这个大型设备中进行实验所要求的科学家越来越多，CERN 也积极致力于在 28GeV 质子同步加速器上做实验的团队多元化。到

1963 年，英国和法国的泡室都在 CERN 投入运作，CERN 的研究团队迅速扩大，平均合著论文作者数明显增多，大装置、大团队的运作方式得到具体体现。

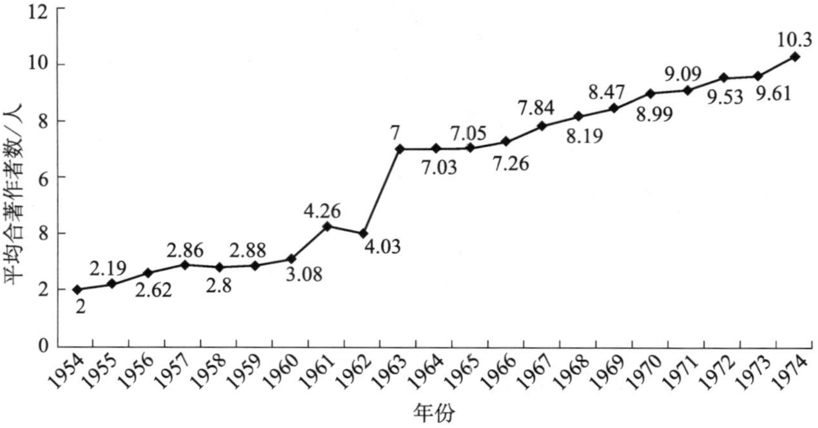

图 5-3　1954～1974 年 CERN 平均合著作者数变化图

资料来源：笔者自行统计整理

进一步关注 CERN 研究团队的合作情况可以看出，1963 年以前，CERN 发表论文基本都是该实验室内部的科学家所著，外部科学家的作用无足轻重。自 1963 年起，粒子物理学发展的内在要求需要科学家们组成科学联合体（scientific collaboration），才能完成在 28GeV 质子同步加速器和泡室中进行的实验，CERN 的超国家实验室的特点也要求不同国家科学家的融合。所以，各种各样的科学联合体应运而生，科学联合小组中来自不同国家的成员也不断增加。大装置（28GeV 质子同步加速器和泡室）运作之初，CERN 和外部科学家是彼此独立的团体。CERN 内部的科学家既有各参与国的成员，也有来自美国、日本、以色列等其他国家的研究人员。而来到 CERN 做实验的外部科学家由于语言、地域、文化和政治的缘故，分为英国和德国、法国和意大利两大科学联合体（图 5-4）。在倡导科学联合之前，这几个团体相互独立，互不干扰。而在科学联合之后，各个团体的核心成员没有变化，但他们却混编在了一起。此时，科学家之间寻求合作伙伴不再倾向于优先选择本国同行，而是把能否可以更好地完成研究工作、更容易合作作为首要选择条件。此时，国家科学的背景被进一步淡化，跨越国家层面的科学被进一步强调，CERN 一直提倡的“科学研究是唯一的标准”这句话在 CERN 实验组织模式中被实际应用。国籍不是科学家们不得不考虑的因素，科学目标的实现、任务的完成是最高要求，在这一要求的指引下，科学家们可以随意排列，一项任务结束后新的任务开始，新的科研团队又是不同的组合，灵活性和自由度大大提高。

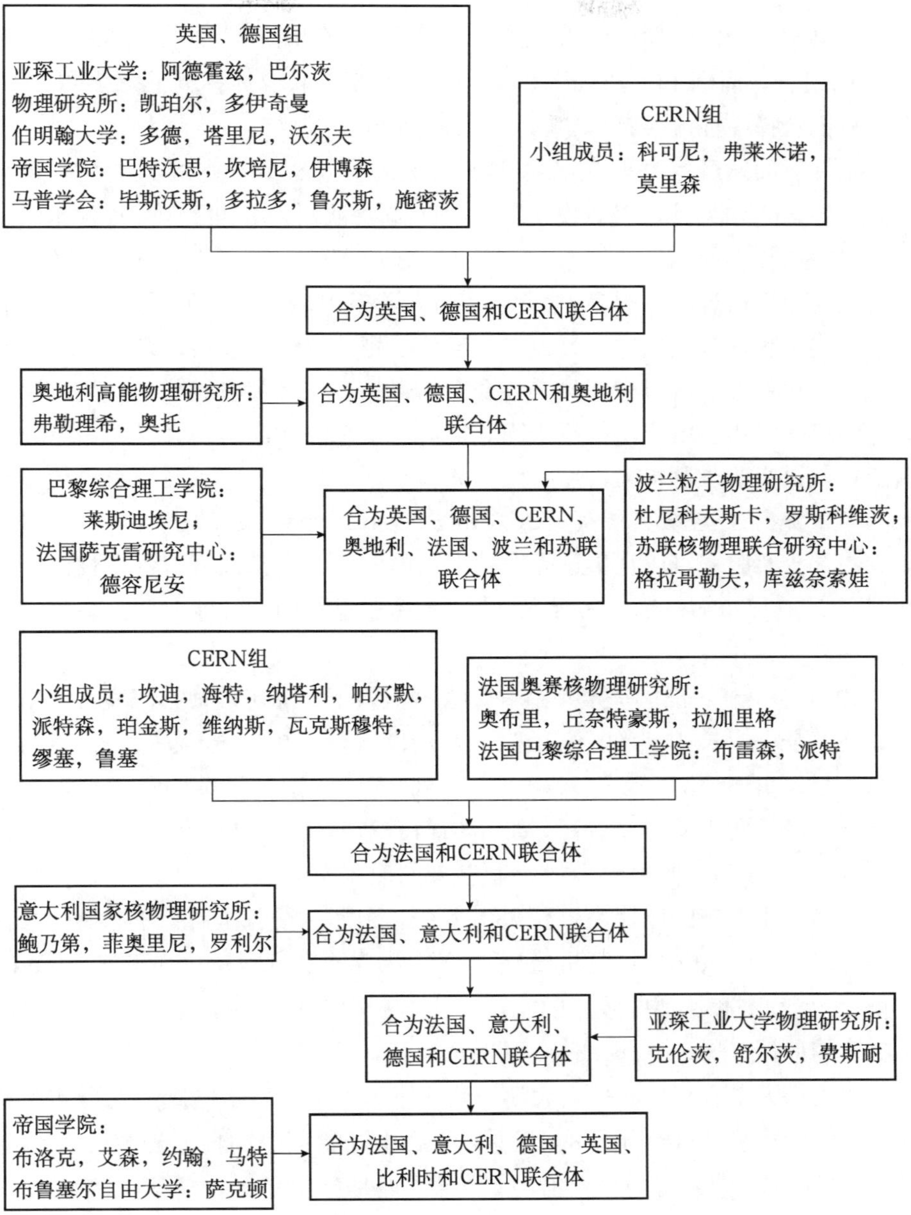

图 5-4　1963～1972 年 CERN 内外科学家融合过程图

资料来源：笔者自行统计整理

四、大型科学联合体的代表——加尔加梅勒中性流实验团体

由科学联合体的发展可以看出，20 世纪 60 年代，科学联合体最多只是 20 人的组合，而到了 20 世纪 70 年代，一个科学联合体扩充到最多可达 50 人，我们选择中性流实验科学联合体描述它的特点。

中性流的发现是高能粒子物理学史上的重要实验，它为弱电统一理论“温伯格-萨拉姆模型”（WS 模型）提供了重要证据。20 世纪 50 年代末，物理学家提出很有影响的“V-A”（Vector-Axial-Vector）理论，它的显著特点是弱相互作用通过玻色子 W^+、W^- 实现，不带电的中性流过程是不存在的。后来，实验物理学家用质子束轰击固定粒子靶，以便更直接地观察是否产生中微子，这种方法可以避开强子衰变中的强相互作用及电磁相互作用，单独研究弱相互作用。由于弱相互作用非常弱，中微子在泡室中又没有留下任何痕迹，所以实验难度很大，需要庞大的质子同步加速器。当时，只有美国长岛的布鲁克黑文国家实验室（Brookheaven National Laboratory）及 CERN 等少数几个实验室可以从事这类实验，以前的实验中都没有看到中性流，但在 CERN 的加尔加梅勒（Gargamelle）泡室中进行的中性流实验推翻了以往的结论。

1965 年年末，法国决定建造一个大型泡室——加尔加梅勒泡室。加尔加梅勒泡室是一个长 4.8 米、直径为 2 米的圆柱体，内部充满重达 12 吨的液态氟利昂。由于该泡室建造难度大，直到 1970 年这一复杂的科学仪器配件才做好。经过两年的安装调试，加尔加梅勒泡室于 1972 年年初在 CERN 投入运行，从 28GeV 质子同步加速器出来的质子束射入泡室，然后拍摄质子与氟利昂作用径迹的照片，合计 83 000 张，最后分给各国研究所进行“蒙特卡洛”（Monte Carlo）计算机模拟。1973 年夏，安德烈·拉加里格（André Lagarrigue）宣布从那些照片中发现有 102 张存在中性流，以及 428 张存在带电流的证据（Hasert et al.，1973）。

由哈佛大学、宾夕法尼亚大学、威斯康星大学和费米国立加速器实验室联合的实验小组（HPWF）从 1971 年年底也开始探测中性流现象。1973 年夏天，HPWF 中传出存在中性流的消息，但是当年冬天，HPWF 在改变实验装置后却得出了不存在中性流的结论。与此同时，CERN 另一位实验物理学家杰克·斯丁伯格（Jack Steinberger）领导的小组也进行了“蒙特卡洛”计算机模拟，同样认为大部分中性流是由中子背景引起的。这两个否定性结果使加尔加梅勒科学联合体处于尴尬境地。1973 年冬，加尔加梅勒科学联合

体的科学家们设计了一个新的实验，四个能量分别达到 4GeV、7GeV、12GeV 和 19GeV 的质子进入加尔加梅勒泡室，安德烈·鲁塞（André Rousset）、露西亚·波梅洛（Lucia Pomello）、约翰·派特森（John Bryan M. Pattison）和迪特尔·海特（Dieter Haidt）四位科学家迅速分析了 7GeV 质子在泡室的径迹照片。此时，中子背景被彻底排除，弱中性流的存在被完全证实（Haidt，2004）。1974 年，HPWF 被迫检查并改变了他们的蒙特卡洛模拟计算结果，也认为有弱中性流存在。

作为第一个大型科学联合体，加尔加梅勒中性流实验团体有其独特的组织特点。

（1）从加尔加梅勒泡室的修建到加尔加梅勒科学联合体发现中性流的过程是 CERN 20 年来宏观运行政策的微观体现。其一，早在 20 世纪 60 年代初，CERN 就已经和法国商定了该国泡室在 CERN 的使用规则，加尔加梅勒泡室运行同样遵守了这一规定。1967 年，CERN 和法国共同成立了加尔加梅勒泡室使用者委员会（Gargamelle Users Committee），委员会决定第一批实验由法国科学家拉加里格牵头负责，由 CERN 科学家鲁塞（法）和保罗·缪塞（Paul Musset）（法）协助领导。其二，加尔加梅勒科学联合体包含了来自 8 个国家的 55 名科学家，这一联合体被认为是 CERN 历史上第一个大型科学联合体。如表 5-2 所示，CERN 内部成员只占 20%（10 名），参与国中四大强国（英国、法国、德国和意大利）占 67%（37 名）。更值得关注的是，苏联和日本科学家都参与其中。虽然在 CERN 成立之初，各国之间的资源争夺是 CERN 管理层面临的主要问题，譬如，英国科学家抱怨自己的国家花了那么多资金，而得到的优惠待遇却很少；法国科学家认为他们建造了泡室，理应让他们拥有更多的实验时间；德国由于政治原因，开始被其他国家排除在外，德国在 CERN 的投资多，在 CERN 工作或访问的科学家却寥寥无几。虽然 CERN 成立之初的定位基本与西欧各国的政治外交策略一致——与美国为友，与苏联为敌（Krige，2006），但是，当 28GeV 质子同步加速器和泡室建造完毕，实验室正式进入科学研究阶段时，各国科学家抛开了政治意识形态、地域阻隔，以科学研究为第一目标，只要是才华出众的研究者，无论国籍和信仰，都可以融入 CERN 大家庭。

表 5-2　加尔加梅勒科学联合体的成员分布表

成员分布	CERN	法国	英国	德国	意大利	比利时	美国	日本	苏联
科研机构数/家	—	2	1	1	1	1	0	0	1
科学家数量/名	10	14	8	9	6	5	3	1	1

资料来源：笔者根据 Hasert 等（1973a，1973b）和 Hasert 等（1974）整理而成

（2）近年来，科学计量学家们对各国的合作情况进行研究时，都得出小国科学家更愿意与他人合作的结论（Schubert & Braun，1990；Glanzel & Schubert，2001）。学者们认为，大国的科学家数量众多，他们在国内更容易找到潜在的合作伙伴（Narin et al.，1991）。但在 CERN 这样的跨国层面实验室中，情况却恰恰相反，从表 5-2 可以看出，加尔加梅勒科学联合体中仅有 5 名科学家来自小国，大国科学家占绝大多数。而且，从合作趋势来看，大国科学家们更倾向于与其他大国的科学家合作，小国科学家只能扮演附属角色。这些现象可能是当时各国的科研实力所决定的。粒子物理学研究需要耗费大量的人力、物力和财力，当时欧洲各国中只有英国和法国有建造加速器和泡室的经验。如果不具备加速器和泡室运作的基本知识，粒子物理学的前沿研究就无从开展。所以，在 CERN 倡导国际合作的宗旨下，科学家们会寻找同样富于经验的其他大国科学家，其他 9 个小国在 CERN 逐渐熟悉各类仪器的运作后，才会融入大型科学联合体中来。

（3）现代社会发展的一大趋势是工业和技术集成化，成百上千的工人在流水线旁日复一日地做同样的工作，个人的创造性和自主性会被严重限制。默顿式的科学社会学家认为基础科学是一项个人的事业，阻碍个人创造性发挥的团队型研究不可能与基础研究沾边（Hagstrom，1965）。但是以中性流实验联合体为代表的基础研究科学团体的构建却推翻了科学社会学家们以前的结论。图 5-5 给出了中性流发现后这一科学联合体发表的关键论文的作者列表。我们发现作者署名先按照研究机构的字母排序，再根据作者姓名的字母排列。其中，我们常见的第一作者和通讯作者的署名并没有列在最前面，形式上的第一作者也并不是实质上的第一作者。即使在同时期国家科研机构的科学联合体的发表论文中都没有出现这种署名方式[①]，可见 CERN 的科学联合体完全讲求平等、注重营造民主气氛，在联合体内部淡化国家的概念和等级结构。

通过科学联合体的内部成员所写的纪念性文章，我们才能了解到这一科学联合体的组织结构。加尔加梅勒科学联合体的组织结构也趋于金字塔形。拉加里格、鲁塞和缪塞三人是这一联合体的领导中心，处于金字塔的顶端；唐纳德·珀金斯（Donald H. Perkins）（英）、安东尼诺·普利亚（Antonino

① 以 1974 年出版的 *Physics Letters B* 杂志中 *Bremsstrahung in Proton-Proton Interaction at 6.92 MEV* 这篇文章为例（*Physics Letters B*，53：4，341-343），文章作者均来自拉瓦尔大学（Laval University）物理学院，文章作者的排序为：Frois B，Irshad M，Lamontagne C R，Vonmoellendorff U，Pigeon R，Roy R，Slobodrian R J。这种署名方式与 CERN 发表论文的署名方式完全不同。

Volume 46B, number 1 PHYSICS LETTERS 3 September 1973

OBSERVATION OF NEUTRINO-LIKE INTERACTIONS WITHOUT MUON OR ELECTRON IN THE GARGAMELLE NEUTRINO EXPERIMENT

F.J. HASERT, S. KABE, W. KRENZ, J. Von KROGH, D. LANSKE, J. MORFIN, K. SCHULTZE and H. WEERTS
III. Physikalisches Institut der Technischen Hochschule, Aachen, Germany

G.H. BERTRAND-COREMANS, J. SACTON, W. Van DONINCK and P. VILAIN[*1]
Interuniversity Institute for High Energies, U.L.B., V.U.B. Brussels, Belgium

U. CAMERINI[*2], D.C. CUNDY, R. BALDI, I. DANILCHENKO[*3], W.F. FRY[*2], D. HAIDT, S. NATALI[*4], P. MUSSET, B. OSCULATI, R. PALMER[*4], J.B.M. PATTISON, D.H. PERKINS[*6], A. PULLIA, A. ROUSSET, W. VENUS[*7] and H. WACHSMUTH
CERN, Geneva, Switzerland

V. BRISSON, B. DEGRANGE, M. HAGUENAUER, L. KLUBERG, U. NGUYEN-KHAC and P. PETIAU
Laboratoire de Physique Nucléaire des Hautes Energies, Ecole Polytechnique, Paris, France

E. BELOTTI, S. BONETTI, D. CAVALLI, C. CONTA[*8]. E. FIORINI and M. ROLLIER
Istituto di Fisica dell'Università, Milano and I.N.F.N. Milano, Italy

B. AUBERT, D. BLUM, L.M. CHOUNET, P. HEUSSE, A. LAGARRIGUE, A.M. LUTZ, A. ORKIN-LECOURTOIS and J.P. VIALLE
Laboratoire de l'Accélérateur Linéaire, Orsay, France

F.W. BULLOCK, M.J. ESTEN, T.W. JONES, J. McKENZIE, A.G. MICHETTE[*9] G. MYATT* and W.G. SCOTT[*6,*9]
University College, London, England

Received 25 July 1973

Events induced by neutral particles and producing hadrons, but no muon or electron, have been observed in the CERN neutrino experiment. These events behave as expected if they arise from neutral current induced processes. The rates relative to the corresponding charged current processes are evaluated.

We have searched for the neutral current (NC) and charged current (CC) reactions:

NC $\nu_\mu/\bar{\nu}_\mu + N \to \nu_\mu/\bar{\nu}_\mu$ + hadrons, (1)

CC $\nu_\mu/\bar{\nu}_\mu + N \to \mu^-/\mu^+$ + hadrons (2)

which are distinguished respectively by the absence of any possible muon, or the presence of one, and only one, possible muon. A small contamination of $\nu_e/\bar{\nu}_e$ exists in the $\nu_\mu/\bar{\nu}_\mu$ beams giving some CC events which are easily recognised by the e^-/e^+ signature. The analysis is based on 83 000 ν pictures and 207 000 $\bar{\nu}$ pictures taken at CERN in the Gargamelle bubble chamber filled with freon of density 1.5×10^3 kg/m^3 ‡. The dimensions of this chamber are such that most

*1 Chercheur agréé de L'Institut Interuniversitaire des Sciences Nucléaires, Belgique.
*2 Also at Physics Department, University of Wisconsin.
*3 Now at Serpukhov.
*4 Now at University of Bari.
*5 Now at Brookhaven National Laboratory.
*6 Also at University of Oxford.
*7 Now at Rutherford High Energy Laboratory.
*8 On leave of absence from University and INFN-Pavia.
*9 Supported by Science Research Council grant.

‡ A more detailed account of the analysis of this experiment appears in a paper to be submitted to Nuclear Physics.

138

图 5-5 中性流科学联合体发表的关键论文中的作者署名表

资料来源：Hasert 等（1974）

Pullia）（意）、海特（德）等 CERN 科学家及各研究所参与此联合体的带头人属于金字塔的中层；哈赛特（F. J. Hassert）等研究所的一般科研人员及学生位于金字塔的底层。也许，在CERN成立之时，理论物理学家还试图与技术人员和工程师划清界限。但在加尔加梅勒泡室建造并运行后，已经没有所谓的科学家和技术员的区分，拉加里格既负责指导泡室的建造，又指引这一大型科学联合体的研究方向，发现中性流的那两篇著名的论文作者中有相当一部分是承担过泡室建造工作的实验物理学家。

中性流科学联合体同工业中的各种工作团体呈现出很多类似之处，例如，只有金字塔顶端和部分金字塔中层的科学家才能把握联合体的全貌和实验的总体进展，有权对实验数据分析下定论。而处于科学联合体金字塔底层的科学家、学生虽然是这一团体的一部分，但他们的工作只是整体实验中很小的一块，即使他们发现了一些所谓的“异常”，可能也并不知道这些“异常”究竟意味着什么。例如，1972年冬天，德国亚琛工业大学物理研究所的学生哈赛特发现他所看到的照片和数据有些不同之处，但也不知道如何解释，他把这件事告诉导师赫尔马特·费斯耐（Helmut Faissner），费斯耐又向铂金斯汇报了数据分析结果（Hoddeson et al.，1997），经过层层传递，到科学联合体的领导层，才揭示了这一发现的重要意义。1973年夏天，加尔加梅勒科学联合体并没有对数据分析的结果达成统一意见，但当听说HPWF发现中性流的消息时，鲁塞和拉加里格最终决定尽快发布结果，抢先发表证明中性流存在的论文（Pullia，2004）。但这并不意味着科学联合体底层的科学家做的也是枯燥乏味、流水线似的工作，抑制科研人员的创造性。当时，加尔加梅勒科学联合体需要分析的照片多达83 000张，庞大的照片分析工作就能说明中性流发现的完成肯定要从基层开始，能证明中性流的照片必定只能从基层的数据分析员手中出现，数据分析并不是单纯地重复劳动。加速器的调整、泡室的运作及计算机模拟等一系列环节都需要发挥科学家们的智慧。

五、本章小结

20世纪50～70年代，CERN的组织管理模式发生了很大的变化。开始，以英国、法国为代表的各参与国都希望在CERN中尽可能保证本国科学家的利益，各国科学家也都在努力争取自己在CERN中做实验的合法权利，要求得到公平公正的待遇。但是，从CERN的论文合著数和平均合著论文作者数不断上升，到不同国家的科研团队在CERN的融合并形成以任务为导向的混合编队都可以看出，CERN在与各国协调商量的过程中，始终坚持把科学合作、科学研究是选择实验计划的关键标准等基本原则贯彻到底。

CERN 运作模式的改变是国家层面的科学和欧盟科学技术的相互制衡。两种不同层面的科学相遇之初，受文化、语言、地缘和政治意识形态影响，自然形成了英国和德国、法国和意大利，以及 CERN 三个主力科研团体，国家科学在此时具有优势地位。但随着大型实验仪器运作需要的人数不断增加、访问学者的队伍不断扩大，原有的学术编队的界限被完全打破，三大主力科研团体的核心成员不变，取而代之的是特殊任务牵引下已混编的科学联合体，以便于完成更有挑战性的任务。

对 CERN 第一个大型跨国层面的科学联合体——加尔加梅勒科学联合体的分析集中体现了两种科学发展形式博弈的结果。在这个科学联合体中，组与组、国家与国家之间的界限被打破，实验仪器复杂、工作量庞大等重要问题被解决，实现了人力资源和财力资源的大整合。虽然科学联合体内部大国的科学家数量居多、联合体的组织结构也呈金字塔形，不是每一个科学家都能够了解实验的全部，但平等、民主的署名形式完全不同于国家科学的科学论文署名形式，有利于调动整个团队的创造活力。在科学联合体的外部，他们一直与美国竞争，争夺科学发现的优先权。而在科学联合体的内部，这种署名形式已经超出了默顿所说的科学发现的优先权之争、科学家对荣誉、同行认同的追求等原则。加尔加梅勒中性流科学联合体的成功也证明 CERN 的科学国际主义主张得以实现。

第六章

欧洲分子生物学实验室的创建及分子生物学的制度化

欧盟科学技术的发展以 CERN 于 1954 年以自上而下的方式迅速建立为始端。1962 年，CERN 的核物理学家会同一些著名的分子生物学家提出了建设 EMBL 的构想，力图进一步推进欧洲层面科学研究实体的发展。然而，这一实验室的最终建立却是在 12 年之后。

分子生物学在欧洲的制度化进程涉及国家层面与跨国层面的科学发展这两个纵横交错的方面。本章将探讨这一学科制度化进程及主要特征，借以了解欧洲层面科学发展的多元形成机制，以及它与“国家科学”之间的相互作用进程。

国外学者对 EMBL 及当时分子生物学的兴起进行了大量研究。就 EMBL 而言，约翰·克雷格分析了 EMBL 正式成立之前所遇到的巨大困难（Krige，2002），《自然》杂志于 1969 年连续发表了 EMBO 和 EMBL 的相关文章，反映出当时英国国内科学家对于 EMBO 的争论（Kate，1969）和英国是否加入 EMBL 建设的讨论（Kendrew，1968）。约翰·图兹（John Tooze）作为 EMBO 的总干事也对 EMBO 的历史作了简单的描述（Tooze，1986）。

到目前为止，国内外对 EMBL 的研究比较分散，没有形成类似《欧洲核子研究组织的历史》这样的专著，但是有很多分子生物学在欧洲和美国学科制度化的论文。迈克尔·莫朗（Michel Morange）从历史学的角度对渗透入生物学所有学科的分子生物学的兴起作了精辟的描述（Morange，1998）；保罗·拉比诺（Paul Rabinow）和塔莉娅·丹-科恩（Talia Dan-Cohen）对生物技术的未来进行了展望（Rabinow & dan-Cohen，2005）；由布鲁诺·斯特劳斯（Bruno J. Strasser）和索瑞亚·查德瑞薇安（Soraya de Chadarevian）主编的专刊——《二战后的分子生物学》（Strasser& de Chadarevian，2002）对于我们了解二战后欧洲各国的分子生物学状况也非常有帮助，达尔文·斯特普尔顿（Darwin H. Stapleton）运用了很多案例研究来说明洛克菲勒基金会对美国分子生物学的巨大作用以及美国分子生物学发展的医学传统（Stapleton，2004）。此外，普宁娜·阿比尔-安姆（Pnina Abir-Am）作为最早研究分子生物学史的学者，其工作也很有成效。他不仅研究了分子生物学史的发展历程（Abir-Am，1985），而且涉及了分子生物学在英国、美国和法国不同的文化背景下的发展（Abir-Am，2001），以及分子生物学与国家科技政策之间的关系（Abir-Am，1984）。

一、EMBL构想提出前后欧洲各国分子生物学学科的发展情况

欧洲各国分子生物学学科构建过程是在二战后经济重建和追赶美国以实现科学复兴的大背景中，同时也是在分子生物学概念并未取得完全一致的情形下开启的。起步之初，各国分子生物学研究采取了不同的研究进路。但随着时间的推移，各国共识逐渐达成，组建跨国层面分子生物学实验室的需求也随之产生。

1. 欧洲各国分子生物学概念之异同

分子生物学本身涵盖生物物理、微生物、生物化学等多种学科，涉及面非常广泛。欧洲分子生物学制度化的过程首先就表现在欧洲各主要国家对分子生物学概念不同理解模式的相互融合之上。

迄1962年，英国的分子生物学研究实力处于相对领先地位，法国、德国等国因战争缘故导致研究中断，但相关学术基础积淀雄厚。英国对于分子生物学学科的定义基于马克思·佩鲁茨（Max Pertuz）和约翰·肯德鲁在X射线分析中应用重原子同晶置换技术和计算机技术分别阐明了血红蛋白和肌球蛋白立体结构的基础之上。因此，英国对分子生物学的定义是“生命物质的基本现象应该理解为已知结构的各个分子之间的相互作用”（Strasser，

2002）。

以巴斯德研究院（Institut Pasteur）为代表的法国学派在世界生物学领域中占有重要的地位。冈瑟·施登特（Gunther S. Stent）曾评价说："法国小组的工作受到了普遍的赞扬，因为它非常典雅，因为它将生物化学技术和各种最先进的细菌遗传学工具结合在一起。"（Stent，1968）雅克·莫诺（Jacques Monod）提出转录DNA上的密码是信使核糖核酸（mRNA）。细胞遗传学家弗朗索瓦·雅各布（Francois Jacob）、安德烈·利沃夫（Andre Lwoff）共同合作，提出了乳糖操纵子理论，以后被证实为在原核细胞中基因控制的普遍方式。以莫诺为首的生物化学和以雅各布、利沃夫为代表的遗传学就是法国定义分子生物学的两个重要方面。

德国分子生物学研究走过了一段曲折的弯路，20世纪30年代，德国的生物化学、化学及生物学发展一直处于世界领先水平，但是战争影响使这些学科除了有机化学之外都失去了优势地位。二战造成的科技人才的流失，以及战后各国科学家（尤其是经历战争创伤的犹太科学家）都不由自主地与德国保持距离，更使德国的分子生物学发展远远落后于其他国家。移民美国的德裔科学家马克思·德尔布吕克（Max Delbruk）帮助德国发展分子生物学，但他本人不擅长生物化学，以致德国对分子生物学的定义一度偏向于遗传学。在此情形下，德国选送了许多优秀人才去美国学习二战前德国最擅长的生物化学。历史学家评价："（纳粹德国）将原本可以成为优秀分子生物学家的人驱逐出境，使德国丧失了它在这门新学科里的领袖人才，同样也造成了德国科学中的传统强项——生物化学的实力的严重下降，而生物化学对分子生物学的产生至关重要。"（Abir-Am，2006）

虽然欧洲各国起初对于分子生物学的定义和研究进路未尽一致，但是它们都抓住了分子生物学的基本目标：致力于对分子结构和功能的研究。例如，瑞士科学家在阐明结构和功能之间的互补关系上非常明确："分子生物学这一术语被给出并用以表明，它所表示的学科是基于分子水平上的结构知识并解释某些大分子的生物学功能。"（Strasser，2002）功能和结构来源于有机化学，后来在生物化学中进一步发展，但当时的欧洲分子生物学却明显忽略了生物化学，只是单纯地强调结构和功能。此外，各个国家都不约而同地把分子生物学的研究对象定义为蛋白质和核酸。

2. 欧洲各国分子生物学实验室的建立、发展及其国家科学特征

从分子生物学的学科进程角度来看，除英国外的欧洲国家都比美国晚十多年，而欧洲大陆的战争背景导致各国在二战后初期的研发投入大幅下降，

就算起步较早的英国也不可能面面俱到。

英国的分子生物学家很关注高分子结构的研究。1947 年，以佩鲁茨为首的科学家的研究环境非常艰苦，费尽心思只争取到卡文迪什实验室前面的小棚屋作为实验室。后来，佩鲁茨申请成立新的实验室，目标是在以前所擅长的结晶学基础之上，组成一个由弗雷德里克·桑格（Frederic Sanger）带领的蛋白质化学研究小组，增强英国在生物化学方面的研究实力。英国医学研究理事会（Medical Research Council，MRC）对此非常支持，佩鲁茨作为提案申请人后来回忆道："理事会的很多成员都告诉我，我所写的《分子生物学的最近进展》是他们所读到的最令人振奋的科学文件，我意识到我的战斗还没有开始就已经胜利了。"（Perutz，1980）但是剑桥大学的态度却非常勉强，经过长达两年多的谈判，剑桥大学终于和 MRC 就此计划达成了一致，建了一座四层楼的现代化实验室。实验室建成后，分子生物学家们每天都在进行着头脑风暴式的思想对话，特别是英国的下午茶时间，成了大家交流科学思想的绝佳时刻（Summers，1999）。剑桥大学的科学家们的辛苦努力没有白费：桑格在 MRC 因发明测定 DNA 碱基排列的方法再次荣获诺贝尔化学奖（Sanger，1987）。免疫学家塞萨尔·米尔斯坦（César Milstein）和乔治斯·克勒（Georges J. F. Köhler）在 MRC 将小鼠骨髓瘤细胞和绵羊红细胞免疫的小鼠脾细胞进行融合形成杂交细胞，从而创立了单克隆抗体杂交瘤技术（Milstein & Köhler，1987）。这项对免疫学、细胞学、医学等多个领域产生重要作用的发明也获得了诺贝尔生理学或医学奖。

德国提出成立分子生物学实验室的时间是 1957 年。德国科学基金会建议成立科隆大学的遗传学研究所（Institute for Genetics），工程耗资 250 万德国马克，并由德尔布吕克担任该研究所的主席，"他（德尔布吕克）的参与对于德国大学里的分子遗传学发展至关重要。他在这一方面的主要活动是在德国参观、讲学，将邀请范围延伸到年轻的德国科学家，介绍德国人加入分子遗传学'俱乐部'，并且参与德国科学政策的制定"（Deichmann，2002）。

相比于英国和德国仅仅是增加了一个新的实验室而言，法国在分子生物学方面的投资要多得多。法国科学研究和技术部（DGRST）成立以获得诺贝尔奖的莫诺、雅各布和利沃夫为代表的专门委员会，争取要在五年内，通过训练青年学者、建立新实验室，以及支持现有实验室的方法，使分子生物学研究领域的研究人员增加两倍。法国分子生物学发展最显著的特点是与美国的科学交流非常频繁。这种交流不仅仅是单方面的，而且包含了两国科技人员、技术和两国科学家们科学思想的互动（Abir-Am，2006）。

20 世纪 60 年代，欧洲各国分子生物学制度化的另一个主要特点就是科学家自发利用政府、科学政策的制定来促进该学科的发展。这一点在英国著名分子生物学家肯德鲁身上表现得尤为明显。肯德鲁获得诺贝尔奖不久即被任命为执政党工党科学政策委员会（CSP）的成员，并担任这一职务九年之久。肯德鲁受任之际，正值英国政府决定对科技政策进行大刀阔斧改革，科研资金大幅度提高的时期。根据相关报道，“从 1939 年到 1940 年，政府在民用科学研发方面投入了 400 万英镑。本年度（1965～1966 年）这项投入已经超过了 22 000 万英镑（占政府总体民用开支的 3.9%），约为 6 年前的 2 倍”（de Chadarevian，2002）。英国在对各个学科发展状况系统调查后发现，分子生物学的发展非常局限，如报道中所指出的：“分析 1946 年至 1966 年发表的论文，生物学论文中只有 1500 篇是属于小组所定义的‘分子水平上的生物学’领域的……这一比例非常小，根据我们的判断，生物学的分子研究路径具有非常大的潜力，以致我们确信这一领域应该获得实质性的扩展。”（de Chadarevian，2002）通过这项调查，肯德鲁使科学政策委员会其他成员相信需要对分子生物学进行彻底改革。为了迎合政治需要，肯德鲁强调了两点改革措施：第一，分子生物学是“现代生物学”的具体体现。二战后，英国总体实力已经落后于美国，全国上下都在讨论如何使“大英帝国”再次强大。“现代生物学”这一提法迎合了英国赶超美国的想法。肯德鲁十分注重对外宣传，通过媒体、在世界博览会上展览等方式，扩大分子生物学的影响力。无论是电视中的展示，还是在国内、国际博览会上，肯德鲁的肌红蛋白模型和佩鲁茨的血红蛋白模型都非常吸引人。这种诉诸“电视语言”的方法不仅成为一种有用的研究工具，而且作为“实物教学课”对科学的公共关系非常有效（Abir-Am，2004）。第二，肯德鲁强调了分子生物学具有极高的应用价值。肯德鲁再三强调分子生物学在医药、农业领域有不可估量的潜力，使政府官员认为对分子生物学的投资物超所值。

总之，以肯德鲁为首的英国分子生物学家以自下而上的方式，巧妙地利用政策干预作为工具，使分子生物学处在当时英国科技政策大讨论的前端，大大拓宽了该学科的生长空间。(分子生物学家们)战争时期的军事经历——伴随着军队中所强调的速度、奉献精神、跨学科技能及合作精神——对后来成为生物物理学家和分子生物学家的人们产生了决定性的影响。诸如肯德鲁，以及影响相对较小的早期的剑桥大学的分子生物学实验室（LMB）成员佩鲁茨、克里克和休·赫胥黎（Hugh Huxley）（Huxley，1987）。通过他们的努力，英国分子生物学发展壮大，在国际分子生物学界占有一席之地。

3. 与美国的差距

尽管欧洲各国在追赶美国科学方面付出了极大的努力，但国家实力和学术体制上的差距决定了这是一项很难实现的目标。一项关于诺贝尔生理学或医学奖的统计数据可见：一战前的 15 年，欧洲各国有 10 人获得此奖，而当时美国无一人获此殊荣。但二战后的 15 年，美国获得此奖的科学家的人数却遥遥领先，美国获得此奖的人数为 17 名，而以英国、法国和德国为代表的欧洲国家只有 9 名获奖者。欧洲诺贝尔获奖人数急剧减少不仅与战争有关，而且与二战后科学发展的特点有关。在两次世界大战前，自然科学由物理、化学和生物三个基本学科组成，三者之间互相独立。但二战后，科学走上了与传统完全不同的道路，跨学科研究成为一种流行趋势。分子生物学最显著的一个特点就是它所涵盖的学科广泛，是以跨学科为特点的现代科学研究方法的典型代表。跨学科研究符合美国的科研体制和文化背景，分子生物学在美国迅速发展壮大，而欧洲各国学科界限明确的科研传统和教育体制极大地阻碍了其发展。

学术体制的原因还导致欧洲各国分子生物学研究人才大量流入美国，造成人才流失。此外，英国各个大学科研环境的欠缺、永久性学术职位的数量太少，也加剧了优秀人才外流状况。沃森（Watson，1987）曾提到："LMB 研究人员的研究条件明显优越于英国其他地方，这意味着这些研究人员不愿意去其他大学创建新的研究中心。之所以不能帮助英国其他地方发展充满活力的分子生物学传统的原因是 LMB 一直强调对获得外来奖学金的国外博士后的训练。领取英国奖学金的研究生往往不能像他们在美国的顶尖实验室里那样扮演主要角色。例如，沃利·吉尔伯特（Wally Gilbert）和我在哈佛一直把研究生作为未来分子生物学的领袖来训练，在这一点上，LMB 有史以来从未曾达到这一程度。"

投入不足是欧洲分子生物学落后的又一原因。沃森（Watson，1987）曾提起："敏捷的头脑、雄伟的目标和长期的资金支持使得 LMB 成为科学史上生物学方面最多产的实验室，但是这个实验室却缺乏资金去培养英国新一代的有抱负的科学家。"从 1960 年起，欧洲各国的经济有了一定程度的复苏，政府投资才开始向科技转移。1952～1962 年，德国科学基金会对分子生物学的投资增加了 6 倍、MRC 增加了 3 倍、CNRS 增加了 5 倍。这些大幅度的增长都是欧洲国家经济高速发展的结果（Strasser，2002）。

二、EMBL 的建立：作为对国家层面科学制度的必要补充

了解 1962 年前后欧洲各国分子生物学的学科发展情况及与美国的差距，就不难理解何以当时欧洲科学家会提出构建欧洲层面分子生物学实验室的构想。然而，这一构想却并不像建立 CERN 的过程那样一蹴而就，而是经过 12 年的曲折发展历程才得以实现的，欧洲分子生物学家们先是于 1963 年成立了 EMBO，又于 1969 年成立了具有官方性质的 EMBC，最后才于 1974 年建立了 EMBL。

首先提出要建立 EMBL 的并不是生物学家，而是 CERN 的物理学家。1962 年 12 月，CERN 召开一次会议，CERN 实验室主任魏斯科普夫、科研总监吉尔伯托·贝尔纳迪尼（Gilberto Bernardini）、生物学家（以前是物理学家）利奥·西拉德（Leo Szilard）及阿德里亚诺特·布扎蒂-特拉韦尔索（Adriano Buzzatti-Traverso）都出席了会议。魏斯科普夫提出在 CERN 附近建立 EMBL，其他的科学家都非常感兴趣。随后他们在电话中向英国的分子生物学家克里克、悉尼·布伦纳（Sydney Brenner）、沃森及肯德鲁表达了他们想在日内瓦建立一个类似于 CERN 模式的分子生物学实验室的构想。肯德鲁对魏斯科普夫的响应最为积极，并成为日后 EMBL 的推动者。

为了尽快将他们的构想付诸现实，魏斯科普夫号召各国分子生物学家于 1963 年 3 月和 6 月召开两次会议商议实验室的可行性。最后商议的结果却出乎魏斯科普夫和肯德鲁的意料：以康拉德·沃丁顿（Conrad Waddington）为首的一批科学家并不赞同肯德鲁建立实验室的建议，他们认为通过 EMBO 把欧洲现有的分子生物学实验室联系成一个网络即可。

1963 年 9 月在意大利小镇拉韦洛（Ravello）举行了具有纪念意义的一次会议。与会的科学家们同意建立一个欧洲层面上的分子生物学组织，探讨分子生物学的跨国发展策略和机制，联合培养分子生物学人才，并考虑在时机成熟时建立实验室。EMBO 在特拉韦尔索的领导下于当年正式成立，大众私人基金会（Volkswagen Foundation）提供资助。但肯德鲁筹建实验室的计划则完全失败！在实验室的资助方面，原本计划与世界卫生组织合作，但因该实验室不可能建立一个生物医学分支而未获批准；在实验室的选址方面，原本希望建立在 CERN 附近，但因 CERN 其他科学家对分子生物学兴致不高而作罢。

1969 年，在瑞士政府的帮助和 EMBO 各国成员的集体努力下，具有官

方地位的 EMBC 成立并获取了更为稳定的财政支持。肯德鲁担任 EMBC 主席，并在此时又将分子生物学实验室的计划提上日程。最后出炉的实验室计划做了很大的改动：原本由 260 名科学家及同等数量的技术人员组成，每年的预算为 350 万英镑，后来缩减为只有 60 名科学家组成，预算为 85 万英镑。根据新的计划，实验室将定位于先进实验仪器的发展，早期的提案中包含的免疫学、胚胎学和癌症研究都缩小了范围，仅仅涉及细胞遗传学和亚细胞结构的研究。这种大幅度的缩水是各方利益互相制衡的结果：实验室的规模不能太小，太小则不能体现其跨国实验室的特征；同时又不能太大，以至于使欧洲各国负担不起。

最后，经过无数次谈判，EMBL 终于在 1974 年正式成立，实验室主站设在德国海德堡。EMBL 负有以下四项使命：开展分子生物学基础研究，为成员国科学家提供必要的研究设施，培养人才和研制新的研究设备。这种安排表明，EMBL 并不是作为类似于 CERN 那样的大型研究基地和学科发展的主战场，而是作为国家层面分子生物学研究的一种补充而设立的。

EMBO—EMBC—EMBL 的发展，可谓历经艰辛，有多种因素对此进程发生了作用。下面对 EMBL 成立过程中所蕴涵的科学与政治、EMBL 与英国、欧洲层面的科学与国家层面科学之间的利益冲突三个主题作逐一论述。

（1）EMBL 是欧洲一体化进程的产物。二战后的欧洲的总体发展策略就是建立在政治意识形态上的与美国为盟，与苏联为敌。美国开始扶植欧洲，和西欧联合起来对付苏联。这样的策略使美国与欧洲在分子生物学方面的联系非常紧密。一直以来，美国的洛克菲勒基金会对欧洲的生物学发展给予了非常重要的资金支持。早在苏联的人造地球卫星刚刚发射升空之际，为了缓和东欧与美国、西欧的紧张局势，美国和法国巴斯德研究所的分子生物学家就讨论过建立一个欧洲层面上的分子生物学实验室，但是这一计划后来并未付诸行动。古巴导弹危机再一次造成美苏关系紧张，两位欧裔美国科学家西拉德和魏斯科普夫引发了又一轮关于建立 EMBL 的讨论，EMBL 的构想也有了下文。

EMBC 和 EMBL 架起了分子生物学家与政府直接联系的桥梁。20 世纪 60 年代中期，欧洲议会（European Parliament）将发展分子生物学提高到政治层面上强调其重要性。EMBC 作为一个官方组织，它的中心作用就在于从欧洲各国筹集资金并由 EMBO 负责分配，EMBC 是政府的代表，EMBO 是由分子生物学家自发组织起来的私人性质的组织，这种分配关系也就间接形成了科学家与政治家之间交流的通道。此外，EMBC 与美国国立卫生研究院

(National Institutes of Health，NIH) 联手为制定美国和欧洲层面上的重组DNA实验指导方针做出了巨大贡献。总之，通过 EMBC 和 EMBL，促进了科学家与政府之间的合作与对话。

(2) EMBL 作为一个欧洲层面上的实验室，与英国的关系最紧密，EMBL 的建设与英国加入欧共体的进程基本同步 (表 6-1)。

表 6-1　EMBL 的建立与英国加入欧共体进程对照表

时间	研究经历	科学成就
1963～1968 年	欧洲分子生物学组织成立 欧洲层面上的分子生物学实验室的建设受阻	法国总统戴高乐否决了英国加入欧洲共同市场的申请 英国决定不再参与 CERN 的超大型质子同步加速器的建设，其他由英国参与的欧洲合作项目也出现了停滞
1969～1970 年	获得各国政府的官方认可、取得合法地位的欧洲分子生物学会议成立	戴高乐辞职，蓬皮杜担任法国总统，英国加入欧共体的谈判开始启动 英国政府转变外交政策，同意继续参与超大型质子同步加速器的建设
1973～1974 年	1974 年 1 月，EMBL 成立	1973 年 12 月，英国正式加入欧共体

资料来源：笔者根据相关材料自行整理

从表 6-1 可以看出，EMBC 和 EMBL 的成立都伴随着英国外交政策的转变。1973 年，英国国内反对参与 EMBL 建设的呼声非常强烈，很多科学家担心对 EMBL 投资势必会影响政府对国内科研资金的投入，对英国国内的科学发展不利。而此时正值英国加入欧共体谈判的关键阶段，如果英国政府拒绝加入 EMBL，欧洲其他国家必定怀疑英国的诚意，以致带来不利的影响。英国的分子生物学家非常聪明，巧妙地抓住了这一机会，促成英国在正式加入欧共体一个月后就签字作为创始国加入 EMBL。英国支持欧洲分子生物实验室，有着政治上的一些理由，这些理由与科学上的考虑无关，但却可能对最终的决定起到决定性的影响 (de Chadarevian，2002)。

EMBL 成立后，在管理层面等各方面都传承了剑桥大学的分子生物学实验室的特点。在组织结构上，两者都与大学没有正式的联系，正式成员都比较少，访问学者很多；在研究方法上，两者都擅长大分子结构的研究。剑桥大学的分子生物学实验室的科学家肯·霍姆斯 (Ken Holmes) 和他的同事歌德·罗森鲍姆 (Gerd Rosenbaum)、吉恩·维茨 (Jean Witz) 首次表明同步加速辐射作为 X 射线衍射实验中的一种 X 射线的强源的巨大潜力时，EMBL 作为一个能够有效运用新射线去发展和使用高科技的组织，他们的实验及时地为 EMBL 及其外站点的成立提供了一个关键论据 (Huxley，1987)。

(3) 从 EMBL 的成立历史可以看出，欧洲科学作为一个整体层面与国家层面的科学发展之间存在着制衡关系。事实上，当筹建分子生物学家实验室的构想提出之时，欧洲分子生物学家们面临着以下难题："国家科学"与"跨国家-超国家科学"，孰轻孰重？当时欧洲分子生物学家们选择了优先发展前者的战略，如英国科学家沃丁顿所述："我认为现在更急需的是加强本国的实验室（建设），而不是建立国际化的实验室。尽管当本国的实验室足够强大可以支持国际实验室时，国际实验室可能更有价值。"（Krige，2002）分子生物学并不像核子研究那样需要大机器和大量资金，所以欧洲各国宁愿先建立属于自己的实验室。欧洲各国担心实验资金及人才外流问题，这也是EMBL 成立延迟了长达 12 年的部分原因。

另外，EMBL 的建立对于缩小欧洲各国的分子生物学领域的科研差距有重要作用。跨国层面的科学制度有着超越国家科学制度的一面，譬如，后者重视竞争，与默顿所描述的马太效应现象吻合，而前者强调合作，并且时常出现反马太效应。以 EMBL 选择实验室的主站点为例，当时英国、法国、德国都被列为候选国家。最终选择德国的原因在于：首先，二战前德国的生物学科研实力很强，后来虽然经历了战争，大批的科学家移民其他国家，但是国内依旧留有很多重要的实验设备。例如，汉堡的电子同步变压器及高能X 射线装置。其次，在二战后，德国分子生物学发展得非常缓慢。英国的分子生物学在二战后立刻恢复并快速发展，与美国洛克菲勒基金会有密切合作的巴斯德研究所在分子生物学方面也颇有建树。但德国的分子生物学家被排除在世界科学共同体之外，失去了很多学术交流的机会。例如，在生物学历史上具有标志性意义的 1946 年美国冷泉港（Cold Spring Harbor）会议没有一位德国科学家参与。EMBL 的主站点设在德国，对德国分子生物学的重建有巨大帮助。因此，以 EMBL 为代表的欧洲层面上的实验室在布点时也考虑到缩小欧洲各国的科研差距、扶植实验室所在国的科研实力的因素。

三、本章小结

从 CERN 与 EMBL 的建立过程可以看出，CERN 与 EMBL 的成立背景大不相同。CERN 的成立是建立在国家层面的核物理基本空白、欧洲层面的核物理——CERN 作为主角的发展模式基础上的；而 EMBL 则要换个角度，在国家层面的科学已经充分发展的基础之上，欧洲层面的科学作为各国科学发展的配角出现。CERN 的迅速建立，既得助于二战后欧洲政治整合和经济重建的推力（高洁和袁江洋，2009），也得助于核物理研究的大科学特质。

欧洲各国很快决定联合共建造价高昂的大型实验设备并据之展开核子研究，这使得核子研究直接上升到欧洲层面，而当时欧洲大陆国家层面的核子研究几乎处于空白状态。而 EMBL 走过一条迥然不同的道路，一条由科学家为主要推动力量、以自下而上的方式、优先发展“国家科学”的制度化道路。

分子生物学是一个跨学科的研究领域，欧洲各国对分子生物学的概念定义不同，各国实验室也各有特色，但最终科学家们克服各国研究差异，在学科内部达成统一，共同促进了分子生物学学术纲领的发展。分子生物学的制度化进程离不开各国科学家的积极努力，他们巧妙地利用时代契机和政策干预工具，自发推进该学科的发展壮大。由于缺乏 CERN 建立大装置的动力，欧洲层面的分子生物学制度化进程需以学科内部学术纲领的完善为前提、以“国家科学”的发展为基础、以科学家们持续不断的努力为支撑。欧洲一体化进程，尤其是英国加入欧共体的时代背景和契机是 EMBL 建立的重要推动力。

第七章

欧盟框架计划历史演进及特点研究

从 20 世纪 50 年代起，以法国、德国为首的西欧国家为了共同的利益走上了联合发展的道路。经过 60 多年的努力，欧盟已经成为世界上一体化程度最高的国际组织，挪威诺贝尔委员会甚至将 2012 年的诺贝尔和平奖授予了欧盟。2011 年，欧盟对科技研发的投入达到了 64 亿欧元，位列第三，仅次于欧盟对共同体农业政策和凝聚政策的投入。如今，欧盟层面上的科学技术发展已经从简单的各国科学联合过渡到了超国家层面的科学发展形态，并显现出若干超国家层面科学的独特特点。

在欧盟对科技研发的投入中，近 80％的资金都用于框架计划。框架计划在近 30 年间取得了大量的科研成果，成为欧盟投资最多、内容最丰富的全球性科研开发计划，也是当今世界上规模最大、最有影响力的官方科技计划之一。对以框架计划为代表的欧盟科学技术体系进行研究，有助于我们考察以超国家层面的科技为代表的当代科技发展新形式，了解当今科技发展的新特点及新趋势。本章主要关注框架计划作为当今最重要的超国家层面的研发计划，以及它的基本特点、制定宗旨、优先发展领域的变化及评估方式的演变。

一、欧盟框架计划的基本特点

虽然早在欧洲一体化之初，具有重大奠基意义的各个条约中已经谈及了要制订欧洲层面上的研究计划。但直到 20 世纪 70 年代后期，欧洲并没有总体层面上的研发政策，研发活动都零散地依附于农业、煤、钢铁和核能等各个欧洲层面上的具体活动，研发政策的制定和开展主要是国家层面的事务。20 世纪 80 年代初，旨在连接信息领域研发活动与工业界之间纽带的 ESPRIT 计划的巨大成功推动了 FP1 的实施，FP1 从 1984 年起开始执行，资金总额为 32.71 亿欧元，67%的预算投入信息技术和能源为代表的工业研究领域来提升欧洲整体竞争力。相比于以后的框架计划，FP1 仅仅是把各个分散的项目集合起来，并没有明确的理念。在组织形式上，FP1 也只是超国家层面研发计划的初步尝试，虽然是一种组织形式的创新，但还不具备法律基础，也不具有自由筹集和支配科研资金的权利。但是，FP1 依旧是欧盟未来科技发展的里程碑。

FP1 执行期间，欧洲理事会于 1985 年在卢森堡通过了《单一欧洲法令》，这一法令从法律上确定了统一市场的目标：争取在 1992 年把欧洲建成一个商品、资本、劳务和人员能自由流通的无边界的统一市场。《单一欧洲法令》中有单独的一章专门论述研发政策的制定，这为后来的 FP2 设立统一的欧洲研发政策提供了牢固的法律基础。FP2 遵照该法令规定了框架计划的第一个制定宗旨：努力协调各成员国之间的科学合作，减少区域差异。FP2 开始受到欧洲各国的关注，大幅增加了科研资金，尤其是能源与信息技术等领域的投入以提高竞争力，并制定某些技术领域的欧洲层面的统一标准。同时，各国也表达了一些不满，例如，准备框架计划的时间和资源不足，过于重视大公司的研发活动而忽视了科研机构及小公司。

FP3 的投入为 65.52 亿欧元，与 FP2 相比，投资增幅不大。鉴于欧洲各国对框架计划过于关注大公司的不满，FP3 开始鼓励中小企业的参与。此次框架计划中，生命科学领域首次被列入优先发展领域，人力资源与人员流动也作为一个专项单列出来，体现出欧盟对于促进欧洲各国间科研人员流动的重视。1991 年 12 月，欧共体各成员国在荷兰马斯特里赫特召开会议，经过一系列的争论和妥协，最终通过了《马斯特里赫特条约》，欧盟由此成立。这一条约对欧洲层面与国家层面的政府职能在法律上做了明确区分：只有各在成员国采取的行动不充分的情况下，欧盟才能介入，也就是辅助性原则

(principal of subsidiary)。辅助性原则也成为欧盟层面科技联合的第二个制定宗旨：在辅助性原则的指导下，框架计划致力于促进各单一成员国无法做到的研发活动，以此作为国家科学的补充。从此，协调成员国科学活动及辅助性原则成为制订框架计划的基本方针。

欧盟的成立推动了欧盟科学技术一体化进程的飞跃。FP4 的预算总额比 FP3 增加了一倍，实际投入金额达到了 131.21 亿欧元。除了研发资金的大幅增加外，FP4 在资助范围方面也有很大的变化。首先，第一次把社会科学纳入资助范围内，体现了自然科学和社会科学综合的新趋势；其次，该计划的合作交流范围超越了欧洲层面，将国际合作纳入计划，并制定了相应的财政管理细则，表达了科学的国际化特性；最后，欧盟委员会经过调查研究越来越深刻地意识到，欧盟与美国和日本之间经济差距扩大的根源在于技术成果转化方面的实力较弱，新技术的传播及整合中小企业由此成为该框架计划的一个重要项目。

FP5 的资金投入涨幅不大，但是欧盟委员会利用现有资源，对 FP5 的执行和管理进行了大幅度的改革。以往的框架计划主要按照优先发展领域的投资来分类，专项计划较少。从 FP5 起，框架计划的目标突出了科研活动解决重大社会和经济问题的作用，要求框架计划能传递欧洲附加价值，提高科技解决社会实际问题的能力，社会科学领域的专项计划资助幅度明显增加。在管理方面，FP5 新采用了矩阵管理结构来减轻参与者和欧盟委员会的管理负担。1999 年生效的《阿姆斯特丹条约》进一步明确了辅助性原则，并对框架计划的决策机制进行了改革。原本框架计划需要成员国全部批准后方可执行，《阿姆斯特丹条约》生效后，在科技决策领域中只需要绝大多数成员国同意就能通过框架计划的提案。相应地，欧洲各界人士也认为框架计划的申请和执行管理都过于烦琐，期待这次框架计划的管理改革可以简化这些程序。

21 世纪到来之时，欧盟成员国领导人在葡萄牙首都里斯本通过了首份十年经济发展规划——“里斯本战略”，这一战略被视为欧洲一体化进程中的又一个里程碑。它提出：“争取在 2010 年前使欧盟成为以知识为基础的世界上最具活力和竞争力的经济体。”其中，要求科研投入到 2010 年实现占欧盟 GDP 的 3%。“里斯本战略”中首次提出建立欧洲研究区，FP6 的实施也正是建立欧洲研究区的一个具体行动。为实现“里斯本战略”科研投入的指标，FP6 做出表率，投入研发资金 192.56 亿欧元，比 FP5 增加 29%。基于这样一个起点，FP6 又进行了大刀阔斧的改革。框架计划在结构上从独立项目转向集成项目，增加每个项目的资助金额，减少项目总数，解决关键问题，倾向长期性、结构性投入；重组欧盟委员会特别是研究总司的机构，简化项目申报和管理程序，下放权力，提高效率。值得一提的是，新成员国加入欧盟给欧盟层面的科技体系带来了新的挑战，面对这一重大变化，FP6 尤其注重框架计划与新成员国国家科研体系和科技政策的结合。

由于实施过程中困难重重，欧盟于 2005 年不得不以更加务实的态度重启“里斯本战略”，FP7 也相应做出重大改变。虽然 FP7 的执行从以往的五年改为了七年，但可以大概估算出 FP7 在同样的执行期内的投入约为 390 亿欧元，可见欧盟对于科技发展的重视程度又上了一个台阶。FP7 最大的亮点在于设立了欧洲研究理事会，这是第一个欧盟层面上以基础研究为主要资助对象的基金会。在这个理事会里，科学成就的重要性超越了欧盟强调各国科学联合和科学资源的公平分配的传统，提倡同行评议，更加强调合作性竞争。相比于以往的框架计划，FP7 呈现出很多新气象，究竟它对欧盟经济和社会发展有哪些贡献，还在观望之中。

欧洲层面上的框架计划于 1984 年开始实施，至今已经执行了 7 个。从表 7-1 列出的所有框架计划的投入金额来看，欧盟对框架计划给予了很大支持。但是，7 个框架计划的主要目标并不一致，时刻处于变化之中，归根结底是与欧洲一体化不同阶段的进程紧密联系的。FP1 是为了配合欧共体解决技术差距（Breschi & Cusmano，2002）；当欧洲意识到与日本在技术创新的激烈竞争中不敌对方时，加强欧洲工业界的研究基础，发展信息和通信技术是当时欧洲各国政府的普遍共识；FP3 与欧洲一体化市场的建立相呼应；1993 年《马斯特里赫特条约》生效后明确提出增加研发投入以实现科研投入占 GDP 3%的目标，FP4 的投入相比于过去有了显著增加；FP5 强调欧盟的科技发展与社会经济之间的联系；2000 年，“里斯本战略”的提出再一次表达了欧盟对于科技创新的重视，提出建立欧洲研究区的构想，随后的 FP6 不仅增加了预算，而且将欧洲研究区付诸实现；进入 21 世纪，欧洲人逐渐意识到欧洲人在科学研究方面的优势已不再显现，FP7 由此设立欧洲研究理事会专门促进基础研究的发展，相应地，投入资金也比 FP6 增加了一倍。综合上述，欧洲一体化进程中的变革都会对研发领域的政策制定产生决定性影响，具体的项目内容和形式、优先发展领域的数量也都随着总体的框架计划发生变化。

表 7-1 框架计划的执行时间和经费表

框架计划	主要目标	相应的欧洲一体化进程	投入资金/亿欧元
FP1（1984～1987 年）	协调共同体研发活动	《单一欧洲法令》	32.71
FP2（1987～1991 年）	建立信息社会		53.57
FP3（1990～1994 年）	加强工业竞争力	《马斯特里赫特条约》	65.52
FP4（1994～1998 年）	加强工业竞争力和辅助性原则	《阿姆斯特丹条约》	131.21
FP5（1998～2002 年）	创新和满足社会需求	“里斯本战略”	148.71
FP6（2002～2006 年）	欧洲研究区	重启“里斯本战略”	192.56
FP7（2007～2013 年）	加强基础研究		558.06

资料来源：笔者自行整理

二、欧盟框架计划优先发展领域的变化

经过多年的努力，框架计划由最初的几个子项目的拼凑组合逐渐发展成为一个完整的大型科研计划。在框架计划逐步完善的过程中，如表 7-2 所示，信息、能源、生命科学及材料科学是最重要的四个领域，人才培养和培训后来者居上，也成为框架计划中占重要地位的计划。这五个传统领域随时代变迁和欧洲一体化的进程都发生了改变。

表 7-2 FP3～FP7 优先发展领域的资助额度及比例

优先发展领域	FP3		FP4		FP5		FP6		FP7	
	资助额度/百万欧元	占比/%	资助额度/百万欧元	占比/%	资助额度/百万欧元	占比/%	资助额度/百万欧元	占比/%	资助额度/百万欧元	占比/%
信息通信技术	2220	40	3646	28	3600	24	3791	21	8172	16
环境和能源	814	14	1856	14	2125	14	2294	13	3965	8
生命科学、生物技术、食品和健康	741	13	1628	12	2413	16	3091	17	7900	14
材料	762	13	1921	15	2705	18	1537	9	3183	6
人才培养和培训	556	9	792	6	1280	9	1686	10	4563	9

资料来源：笔者根据欧盟委员会出台的框架计划相关资料搜集整理而成

1. 信息通信技术领域

框架计划是在 ESPRIT 的基础上演化而来的。因此，信息通信技术既是框架计划中的传统领域，也是最大的优先投资领域。欧盟认为，信息通信技术对于欧盟的未来发展有重要的作用，据统计，欧盟经济中的一半收益由信

息通信技术的商业运行获得，这个领域年交易额达到了20 000亿欧元，为欧洲提供了1200万个就业机会（European Commission，2004）。这一领域在每个框架计划获得的资助相当稳定，为36～38亿欧元，但该领域的投资在整个框架计划中所占的比重却在逐年下降。与此同时，该领域的研究内容和特点发生了翻天覆地的变化：信息通信技术领域的投资从最开始的全部由ESPRIT执行转变为通过欧洲高级通信技术研发计划、医学信息化计划、通过技术进步促进欧洲教学计划和欧洲交通车辆安全之公路设施计划投入到通信技术研发中；而且，这种多项目的转变过程代表着欧盟层面的信息通信研发的重点已经从硬件转移到了软件、网络和数码内容的管理。

2. 环境和能源领域

框架计划设立之初，环境和能源领域是仅次于信息通信技术领域的第二大重点，FP1投资为32.7亿欧洲货币，占总投入的比例高达50%。但是在后续框架计划中，环境和能源领域方面的资助骤然降低，FP7中环境和能源研究预算比例仅为8%。能源研究开始受到重视与20世纪70年代末石油危机带来的动荡息息相关。但随着《单一欧洲法令》的实施，欧盟层面上的研究方向发生了根本性转移，更加关注与美国和日本的经济与技术竞争，导致了这一领域的衰落。总体而言，欧盟层面上的能源研究都是以减少石油依赖、发展多种能源来源、提高能源效率和解决气候变化带来的挑战为主要目标的。目前，框架计划中与能源相关的节能项目、非原子能计划和可再生能源研究计划组合在一起，形成了一整套支持能源经济结构变化、合理使用能源及减少石油依赖的方针措施。

3. 材料领域

30年来，材料领域的研究金额在前五个框架计划中的投资和所占比例都是比较稳定的，一直保持在15%～20%。但是从第六个框架计划起，虽然此领域的重要性仍位居第三，但是研究重点发生了巨大变化，投资也有所下降。与以往不同的是，纳米材料的特性研究、新型多功能材料和新的生产工艺设备（NMP）成为材料领域研发的新方向。这意味着，NMP领域不像信息通信技术和生命科学领域是一个单一的研究方向，而成为在各个领域都有广泛应用的跨学科领域。FP6的NMP评估报告显示，NMP领域中的纳米技术与生命科学、信息通信技术和环境与可持续发展三个领域的联系非常紧密（European Commission，2010）。NMP项目的结构开创性地把纳米技术、多功能材料和新的工艺设备三个子领域联系起来合成一个项目，各成员国政府设立的科研计划从未如此做过，这也成为欧盟层面的与国家层面的研发项目之间的一个显著的不同之处。鉴于以上两个特点，欧盟 NMP 项目评估报告建议未来框架计划的设定要设置更多的跨领域联合申请项目，还要通过广泛宣传来增强三个子领域综合体的影响力。此外，虽然 NMP 项目的一大目标是要加强研究活动与市场之间的联系，但是事实上项目中的大部分资金都用于协调各成员国之间相关领域的科研活动，所以这一领域科研成果的传播在学术界受到了认可，但在工业界还是不够的（European Commission，2010）。

4. 生命科学、生物技术、食品和健康领域

在框架计划中，生命科学、生物技术、食品和健康领域的研究计划都归为一类，这一领域的投入在不断攀升，占框架计划的总体份额也在持续增加。FP1 对于生物领域的投入方向集中于协调功能，利用欧洲实验室无墙计划来促进涉及生物技术的多学科融合。后来，框架计划的投资逐步向研究方向转移，分别设立了促进学术研究的生物技术——为了欧洲的创新、发展和成长计划和促进工业领域的生物技术研究的通过研究建立欧洲农业和工业联系项目和农业工业研究项目。长期来看，框架计划对欧盟食品安全标准的设立及统一市场的形成都有积极贡献，但是在健康领域发挥的作用非常有限。以癌症研究为例，一个大型的癌症临床试验需要 4500 万欧元的资金投入，这相当于每年欧盟对癌症研究总体投资的一半。所以，即使 FP7 再次增加了健康领域的研究投资，但是对该领域来说仍是杯水车薪。据数据统计，约 90％的健康领域研究资金来自各成员国政府或私人公司（Neroth，2005）。

5. 人才培养和培训领域

框架计划的一个重要作用就是要提高参与其中的研究人员的技能，加强其科研能力。以玛丽居里计划为代表的框架计划的主要目的就是促进研究人员的流动、职业发展和培训，使参与者能融入世界顶尖的跨国研究团队和高水平的项目中，通过知识的分享和培训获益，这对欧洲和第三世界的研究者选择欧盟作为研究地点极具吸引力。从 FP3 开始到 FP7，这一部分的预算大约占到了框架计划总额的 10％。

人力资源和人员流动项目的需求量很大，1994～2002 年（也就是 FP4 和 FP5 实施期间），大约有 12 000 人参与了玛丽居里计划的国际研究培训。根据该计划的评估报告（van de Sande et al.，2005）可以看出，其中 79％的受资助人是为了获得国际化的经历，其中有 28％的人表示如果不能获得资助他们不会出国学习或交流。此外，这个计划为约 50％的受资助者提供了第一次出国的机会。来自西班牙（16％）、意大利（14％）、德国（13％）和法

国（13%）的受资助人最多，他们大多都想去英国（28%）、法国（17%）、德国（12%）和荷兰（9%）。可以看出，英国的教育质量、研究实力和英语优势成为欧盟其他成员国科学家心中理想的选择，这使得英国成为玛丽居里计划中受益最大的国家。

玛丽居里计划被认为是能帮助研究人员获得国际研究经历、提高研究技巧的最有影响力的计划。玛丽居里计划的大部分参与者在国外访学期间会发表科学论文。经调查发现，如果访学时间为6个月，57%的受资助人会发表一篇文章；如果访学时间为6～12个月，发表文章的人的比例会增加到75%；如果访学时间达到1年以上，90%的人会发表文章。对已经完成计划的受资助者进行的调查发现，7%的人在访学期间申请了至少1项专利，其中43%的专利是由国外导师主导完成的。

完成计划后，大多数受资助者选择回到自己的祖国，并且在回国后能获得更为稳定的职位。超过70%的受资助者认为他们借助玛丽居里计划的出国经历对他们后来的职业发展有非常大的帮助，86%的受资助者在回国后与受资助期间所在的学校或研究所继续保持合作关系。

除了以上所述的四个传统研究领域与人才培养和培训领域外，值得一提的是，FP7比FP6的预算增加了一倍，增加的大部分金额都用来启动欧洲研究理事会。欧洲研究理事会的成立是框架计划的一项重大改革，框架计划的重点领域也随着发生了巨大变化。欧洲研究理事会是第一个欧盟层面上的科学资助机构，鼓励全世界所有优秀的研究人员都能利用这个平台开展最前沿的基础性研究，从根本上提升欧洲整体的科研水平。欧洲研究理事会与现有的框架计划的不同点在于：首先，欧洲研究理事会明确支持基础研究，这与框架计划的“前竞争研究”的定位完全不同，为欧洲基础研究水平的整体提升提供了资金保障；其次，采用同行评议对申请人的科研潜力和项目的科学实力进行评估，项目是否优秀成为评判的唯一标准，不要求跨国合作申请、不强调公平、不掺杂任何政治因素；最后，项目采用招标形式，只需要网上申请，相比于框架计划而言，项目申请程序简单（Nedeva&Stampfer，2012）。

三、欧盟框架计划的评估

框架计划启动至今，计划的评估工作一直是欧盟各界人士关注的重要问题。起初，框架计划的评估以专项计划为单位，仅对ESPRIT这类重大专项作基本评估即可。随后，很多机构和学者对欧盟科技评估进行过研究，由洛埃特·雷迭斯多夫（Loet Lydsdorff）著、乌云等译的《科学计量学的挑战》提到欧共体的政策对于欧洲各成员国的国际合著关系是否有促进作用；有的学者在对 20 世纪 80 年代欧共体 R&D 评估的 15 篇文章研读之后分析了欧共体的科研评价体系中的一些趋势（Bobe，1991）；路易吉·马西莫（Luigi Massimo）探讨了欧共体 R&D 评价所用到的指标，并涉及这些活动所导致的经济和工业影响（Massimo，1991）。如今，框架计划的评估工作日趋成熟，评估方式也日益完善。

根据不同类型的评估方法来区分，框架计划中常采用的有调查问卷法、欧盟委员会文件或资料借鉴、访谈法、同行评议法和专家/顾问评议法。欧盟委员会组织的评估多采用可以获得项目参与者第一手材料的调查问卷法，对专项计划的评估几乎涵盖了所有的评估方法，横向计划一般不采用同行评议专家/顾问评议法，国家层面的评估则要用欧盟委员会文件或资料借鉴法、调查问卷法和访谈法。

根据不同类型的关注群体来划分，评估工作可以分为三个层面：国家层面、专项/横向层面和欧盟层面。为了使欧盟领导机构对框架计划的执行和效果有更为全面的掌握，欧盟委员会对框架计划从 1992 年开始进行欧盟层面的评估，根据时间段分为五年评估（five-year assessment）、框架计划的影响评估及年度监控评估。前两种评估方式都属于事中评估，特别是五年评估报告，它的评估时间与每个框架计划的执行时间并不一致，所以这种简单地以时间为节点的评估方式可以对框架计划的短期和中期执行情况有综合的把握。框架计划的影响评估弥补了上述其他两种评估方式忽略框架计划执行期的缺陷，但这种评估的目标是为下一个框架计划的制订做准备，因此属于事前评估。专项/横向计划层面的评估由欧盟委员会下属的总司（Directorate-General）发起和管理，针对主题领域、框架计划所属的专项子计划和单独的研究活动进行评估，这属于事后评估。框架计划的规模越来越大，各成员国政府也需要知道该计划对于本国的影响，各国组织的评估活动也很多，这类评估也属于事后评估。

1. *国家层面的评估*

欧盟各成员国尤其关注框架计划对本国科研系统的影响，科研实力不同的成员国得出的结论也不尽相同。爱尔兰是科技相对落后的国家，2000 年以前政府对大学的科研投资非常有限。加入欧盟后，爱尔兰大学的科研环境变化巨大，80%的大学科研投资来自框架计划（Guy et al.，2000）。相比于爱尔兰，英国是传统的科技强国，英国参与 FP7 的高校比例达到了 60.8%，在所有成员国中居首位（POSTNOTE，2010）。很多时候，国家层面的科技发展计划常常会与框架计划产生比较和竞争。很多研究人员觉得国家层面的科研资金申请方便、管理简单，而框架计划对不太受国家层面政策关注的小型企业研发活动更有帮助。但是，各国研究人员也认识到，如果要想让自己的研发活动融入国际化网络，获得更大范围的认可，框架计划显然是更好的选择。在这种语境中，欧盟层面与国家层面的研发计划还是相互竞争的关系。

2. 专项/横向计划项目评估

专项/横向计划项目的评估涉及项目的贯彻、结果及影响等各个环节。有的评估小组要对项目的整体情况作一评价，例如，评估小组对非核能源项目（non-nuclear energy projects，NNE）进行初步评估后发现，该项目中共发表了800多篇论文，申请专利400多项。该项目的所有课题中，有30%的课题通过欧盟资助取得了技术突破，60%的课题取得了重大技术进展（European Commission，2003c）；对项目的结果和作用的评估会对未来该项目的发展提供方向。例如，评估小组发现合作网络会带来很多重要的收益，因此Biomed 2 projects项目致力于创立欧洲研究合作意识，25%的子课题都要共享设施，争取长期合作（European Commission，2002）。芬兰大学的研究人员发现框架计划从20世纪90年代起就在促进本国研究人员融入欧洲合作网络（Niskanen，2001），参加框架计划的丹麦研究者认为相比于其他国际合作项目，框架计划对本国科研系统的附加影响更大（Graversen & Siune，2001）。

3. 欧盟层面的评估

欧盟是目前为止世界上最具备超国家形态的一体化组织，对这一层面的科研活动进行评估属于开创性的工作，在不断摸索中前进，也遭遇了很多障碍。从FP2起，各个框架计划都会被评估，但结果基本是泛泛而谈，只是说各个子项目都如期完成，同时也都抱怨框架计划的管理体系太繁冗，而这种抱怨从第一次评估时就有了，毫无新意。评估专家们也没有留意框架计划的潜在影响，没有意识到框架计划的政策定位应该是集中力量整合各国的科学活动，努力使欧盟的科学研究逐步转变为超国家层面的科学系统，而不仅仅是各个成员国科学需求的集合。

从FP3执行期起，欧盟委员会对其进行了整体评估和五年评估，参与其中的专家们认为鉴于框架计划项目的“前竞争型”特点，这些项目要产生经济效益和社会效益还需要一段时间，立刻判断上一个框架计划的影响为时过早。因此，他们大胆论断：框架计划整体评估不应该定位于对过去的总结，而是对未来计划的铺垫和展望。第一个五年评估的效果并不理想，很多评估结果都是评估者本人的观点，缺乏客观性，个人观点非常浓厚。直到第三个五年评估（Ormala et al.，2004）时，欧盟委员会设立了独立评审专家，独立评审专家出版了四份研究报告[①]和四份分析报告，包含了对现有的框架计划进展的整体评价（Arnold，2005）。这次的五年评估报告首次包含了相当数量的子项目及国家层面的评估，首次对项目参与人展开了大范围的问卷调查，也采用了其他很多评价方法和工具。然而，专家组得出的结论却基本还是老调重弹，根本原因在于评估工作开展时间较短，无法提供足够的材料和证据。

欧盟立法的改变导致从 FP6 起，框架计划需要被全面评估。FP6 的评估内容丰富了很多，不仅有以往的纯科学评估，而且包含了很多横向专题，如顶尖科学家的参与程度、项目参与者男女性别比例、框架计划对各成员国的影响、FP5 中研究网络的建立对研究者研究活动的改变等。出现这种可喜的局面主要是因为框架计划的壮大引起了欧洲各类人士的普遍关注，他们作为独立的机构和团体，会对他们所感兴趣的问题做研究。也正是由于他们为评估提供了很多材料，欧盟委员会才能据此对框架计划的未来制定更明确的政策方针。

总体而言，专项/横向计划及国家层面的评估已经积累了很多经验，评估方式成熟，评估系统完善。而欧盟层面的评估则是从零开始的，这给相关的研究学者提出了很大的挑战，评估工作势必会遇到很多问题和困难。欧盟层面的评估定位于国家层面的评估有很大的不同，如上所述，鉴于欧盟科研项目属于“前竞争型”，短期难以看出效果，因此评估工作主要专注于预测，属于事前评估，而国家层面的评估则偏重于事后评价（表 7-3）。

表 7-3　框架计划不同层面的评估及评估方法列表

不同层面	应用范围	同行评议	专家/顾问评议	调查问卷	访谈	欧盟委员会文件或资料借鉴
欧盟层面	FP3、FP4 和 FP5 评估			×		
专项计划	FP4 BioMed2 计划评估	×	×	×	×	×
	FP4 BRITE-EURAM 计划评估	×	×	×	×	×
	FP4 国际研发合作评估			×	×	×
	FP5 Genomics 计划评估					×
横向层面	FP5 社会经济传播评估 马里蒙评估（Marimon Report）			×	× ×	× ×
国家层面	奥地利参与 FP4 的评估报告			×	×	×
	丹麦参与 FP4 的评估报告			×	×	×
	瑞典参与 FP4 的评估报告			×	×	

资料来源：Arnold 等（2005）

① 这四份研究报告最后都放在了上述的五年评估报告中形成了合集。

四、欧盟研发政策的核心理念

从制度化的角度来说，超国家层面的框架计划必然有其核心的发展纲领。本书在对框架计划的基本特点进行剖析时已经提到协调原则和辅助性原则是框架计划的两个制订宗旨。虽然，对各成员国的科学活动进行协调是欧盟研发活动开展之初致力实现的目标，但经过多年的摸索，欧盟管理层并没有找到合适的方法真正对如此多成员国的科学活动进行协调。基于辅助性原则的欧盟附加价值（European added value）自提出之日起就成为区分欧盟层面与国家层面的各项政策的实质性标准，欧盟层面的科学活动跟政治经济等活动一样，都根据这一价值理念发展和延续。因此，欧盟附加价值成为欧盟层面研发活动的核心纲领。

从 FP3 起，起草框架计划草案时欧盟附加价值总是被首要考虑的衡量标准。在欧盟涉足的所有领域，欧盟附加价值的概念与辅助性原则相互对应并结合在一起被强调。在研发领域，自从条约 Articles163-173 规定了欧盟研发政策的目标，并把框架计划作为贯彻研发政策的主体后，欧盟附加价值一直是框架计划的指导性原则。欧盟附加价值大体分为三类：获得更多资源、人才培训和优秀人才流动、欧盟科研活动的一体化（表 7-4）。

表 7-4　欧盟附加价值在研发活动方面的具体体现

研发活动中的欧盟附加价值	欧盟附加价值的具体表现分类
获取更多资源	提高规模经济和范围经济的效益 对私人投资的杠杆效应
人才培训和优秀人才流动	提供更多的培训机会，增强欧洲的研究能力 促进科研竞争的一种手段，实现卓越
欧盟科研活动的一体化	迎接全球性问题的挑战 鼓励国家科技政策的协调 促进比较研究 研究结果的传播

资料来源：笔者自行整理

1. 获取更多资源

欧盟的资金直接影响着研究的范围和规模，它可以整合各成员国分散的研究资源，去实现国家层面不能实现的目标，并把只有靠欧盟干预才能移动的新资源都集合在一起。

1）欧盟层面的科研活动能提高规模经济和范围经济的效益

有一些研究活动规模大，也很复杂，导致单一成员国的财力和人力都无法实现。这种情况通常都需要有强大的科研实力，调动一切可利用的科研资源，或者需要相互补充知识和技能，如一些跨学科研究领域。与研发活动的执行费用相比，研发活动所带来的规模经济和范围经济效益也日益受到重视。以制药业为例，研究显示，一个药物研发团体需要的总费用约为 8.95 亿欧元。高昂的成本已经令人咋舌，而且还要面临巨大的研究风险：5000～10 000 个测试产品中只有 1 个能从测试阶段幸存下来，最终获得药品监管局认可进入市场。

框架计划为了解决这类问题专门建立了国际组织，把各个国家（含非成员国）的研究资源和专家整合在一起。在 FP6 中的费用分担项目中，平均每个项目的投资额达到了 460 万欧元，项目组成员由来自 6 个成员国的 14 名学者组成，这些学者分别来自大学、公立科研机构、中小型企业和大型企业等不同类型的组织。FP6 比 FP5 中的项目规模明显加大的根本原因也在于此，欧盟希望能解决欧洲层面上的重大共性问题。这种既跨国家又跨学科的科研项目在国家层面上很难管理，然而在欧盟层面上来执行明显容易很多。

国际热核聚变实验堆（ITER）计划就是一个典型的例子。这个项目是名副其实的“大科学”，预计耗资达 100 亿欧元，成为人类有史以来继国际空间站之后最昂贵的国际科学合作项目。面对不断增长的能源需求，寻找能满足全球需求的可再生能源来源将是大势所趋。核聚变所需要的元素氘可从海水中提取，相对于传统的核反应堆，核聚变反应堆产生的放射性废物产品的寿命很短，也几乎没有任何二氧化碳或其他大气污染物，所以对环境的影响相对较小。对于这样一个项目而言，仅仅技术层面的难题就都不是一个国家的科研实力能够解决的，更不用提建成后还需要数亿欧元运行费用来支持。这就是为什么国际热核聚变实验堆计划由欧盟、日本、中国、印度、韩国、俄国和美国 7 个国家和地区共同合作展开。

当涉及罕见疾病时，欧盟附加价值涵盖的研究范围就显得更为重要。当一种疾病的发生率低于两千分之一，每个成员国能采集到的病例就很少了，欧盟联合研究项目此时就能提供很大的欧盟附加价值。联合研究项目可以把欧盟所有成员国的病例汇总起来，并召集成员国中最优秀的专家来共同对罕见疾病进行诊断和治疗。例如，FP5 资助了一个治疗肌肉病（Myopathies）的项目，这个项目致力于先天性肌营养不良症（CMD）的研究，由 6 个国家的 13 名学者组成，该项目采集到了世界上人数最多的先天性肌营养不良症病例，为后续治疗诊断提供了充分依据。

2）欧盟层面的研发活动对私人投资的杠杆效应

很多证据表明，由企业主导的公共部门投资的研发活动有一种“挤入效应”（crowding-in effect），也就是说，公共部门投资会鼓励私人投资对研发活动注入更多的资金。最近的研究显示，每当公共研发活动的资金增加1欧元，私人公司相应会增加0.93欧元的研发资金。在对框架计划评估时，报告显示很多项目如果离开欧盟资助就无法开展。表7-5可以看出，如果没有欧盟的资助，框架计划参与者退出项目的比例非常大，欧盟各成员国的参与人员都高度依赖欧盟层面的研发活动。

表7-5 欧盟附加价值：框架计划参与者如果没有欧盟资助就会退出项目的比例（单位：%）

挪威	丹麦	奥地利	英国	爱尔兰	芬兰
95	90	70	70	82	75

资料来源：Arnold et al.（2005）

欧盟还鼓励另外一种类型的研究项目，这类项目由私人企业发起，可以与国外合作伙伴共同申请，项目的规模远大于国家层面的项目。这类项目追求卓越，希望能使双方通过欧盟这个平台互补各自的知识和技能。可以说，欧盟项目的吸引力就在于私人投资投入比参与国家层面的项目有更多的资金用于研发活动上。

同时，欧盟的合作项目还会降低商业风险，毕竟在很多项目中，欧盟工业界的主要公司都参与其中，他们会确保研究成果更快地在欧洲乃至世界其他地区传播，这样有助于建立欧盟甚至是世界标准，提供可操作的解决方案。

2. 人才培训和优秀人才流动

能够体现欧盟附加价值的第二组因素体现在提高研究人员的科研能力上。科研能力与人才流动和培训紧密相关，欧盟这一平台及资金支持正好有助于这一目标的实现。

1）欧盟项目会提供给研究者更多的培训机会，以此增强欧洲的研究能力

玛丽居里计划是欧盟框架计划中与科技人力资本紧密相关的计划，这一计划覆盖了所有的科研人员，但对其进行了细分，针对公共科研机构和工业界的研究人员有不同的培训方案，对不同年龄段的研究人员的资助都做了区分。玛丽居里计划在欧盟范围内具有相当大的结构效应，这一效应体现在组织、性能、培训质量、研究人员的职业发展、各个研究领域的女性的参与程度，以及知识共享方面上。目前，玛丽居里计划已经成为对全世界的科技人才有很大吸引力的项目。相比之下，国家层面的人才培养计划不会扮演如此重要的角色，而且这种大型人才项目在国家层面很难组织和协调。从成本收

益来看，玛丽居里计划降低了各成员国之间交流的成本，使国家间能互惠互利。

此外，玛丽居里计划还积极促进跨学科间的知识流动，致力于形成一个真正包含研究人员的欧洲劳动力市场，这一计划可以为研究人员提供良好的职业发展前景，支持人才流动。玛丽居里计划的参与者认为欧盟资助在两方面体现出了其独特的价值：为新的研究领域培训合格的人才，把以前没有合作过的团体联合起来。

总体上，欧盟的人才流动和培训项目超越了个别成员国的能力，体现了欧盟的协同效应，各个成员国的科学家、不同类型机构的研究人员都共同利用欧盟的资源，由此产生更明显的竞争优势。

2）欧盟科研活动作为促进科研竞争的一种手段，实现卓越

基础研究和应用研究之间，不同成员国和不同地区之间，研究领域的竞争程度各不相同。而且，一些小成员国很可能只是在某一个高度专业化的科研领域有几个顶级专家，这导致国家层面的研究团队之间的竞争受到限制。同样，很多行业都是高度集中的，他们都希望在某个市场或领域中找到能够达到世界级的竞争对手。要想为国内的研究人员提供国际层面的竞争，最有效的方法就是打破国家界限，把本国的科研经费向国外科研人员开放。但迄今为止这种做法都会受到国内各方的压力和指责，实际上很难实现。这样，欧盟层面的研究计划成了促进激烈的竞争的有效途径，从而使研究成果达到更高的品质，实现卓越。框架计划能加速全球的高校、企业及研究中心之间的竞争：FP2 参与的国家数量为 30 个，FP5 这一数字上升到了 140 个，FP7 则对全世界所有的国家都开放。世界各国科学家都对框架计划的资金趋之若鹜，这也间接体现了欧盟科研项目能够促进研究领域的激烈竞争的特征。

3. 欧盟科研活动的一体化

1）欧盟层面的科技政策——迎接全球性问题的挑战

如今，全球性问题，如健康、环境、食品安全和气候变化等，已经将政策制定的层面从国家上升到了国际，而这些问题只有在一个共同的科学研究基础之上才可以应对。如今，欧盟针对这些全球性问题已经出台了很多政策，相应地，如果这些问题相关的研发活动也是在欧盟层面上展开的，将极大地帮助解决这些国际性议题，例如，欧盟的共同渔业政策在渔业管理和技术咨询方面就需要强有力的科学支撑。同样，如果欧盟想成为一个更有竞争力的全球性区域，就需要一个高效、可持续的交通运输系统。上述两个例子都表明了欧盟研发项目在形成欧盟各项政策中所发挥的重要作用。

2）鼓励国家科技政策的协调

正如早前分析的，各成员国的国家研发政策还有很多是重复和隔离的。好的协调政策能够帮助公共研发投资提高效率、减少分散程度。欧盟资金在一些成员国需要共同面对的议题和政策上，如气候变化、自然灾害方面，具有非常重要的作用。

3）执行欧盟层面的研究能够促进比较研究

有一些学科的天性就是要在国际比较的语境下才能得到更好的拓展。例如，欧洲社会多样性、移民、比较经济研究等社会学研究常常关注同一个议题在不同国家的文化背景、制度化和历史背景的变化。欧盟层面的研发活动就为这类学科提供了平台，研究者可以通过欧盟项目做很多欧洲研究和跨国调查及比较。

4）研究结果的传播

传播是欧盟层面研发活动最有争议的一个话题。传播对研究本身是一个非常重要的补充。如果研究结果不能被很好地传播出去，执行研发活动的价值就会大打折扣。的确，公共研发资金投入的最重要的价值就是通过快速传播研究结果从而获得最大的社会效益。在“里斯本战略”提出之后，研发活动的针对性更强，需要促进经济增长、提高竞争力、增加就业率。这意味着研究成果要及时地传递给欧洲的经济部门和工业部门，使它们能够制造出新产品、新工艺从而创造更大的价值。在这个意义上，欧盟层面的科技成果传播要比国家层面的更加有效，也会产生更大的影响。科技成果在各国之间传播的最大障碍是语言不通，当研发活动在国家层面开展时，研究者很难获得其他国家的新知识。而且，如果一个国家在某一个科学领域产生了很重要的研究成果，但是本国在这个学科并没有相应的工业来对这一成果进行开发和利用时，那么这一研究成果的转化应用就会被阻碍。欧盟层面的研发小组具有天然的国际层面科技成果传播和应用的优势，各成员国的研究人员和企业都可以登陆欧盟的 CORDIS 网站轻松获得欧盟层面的研发成果，使科技成果转化为商业价值更为便捷。

五、本章小结

可以说，框架计划是欧盟超国家层面科学活动的主流代表。从《单一欧洲法令》到《马斯特里赫特条约》，从《阿姆斯特丹条约》再到“里斯本战略”，每一次欧盟政治一体化的进步都推动了科技一体化的飞跃；从缩小

“技术差距”到与日本之间的激烈竞争，从一体化市场再到知识性社会构想，每一次欧盟经济社会转型都促进了研发活动的转型。

回顾框架计划30年的发展，欧盟一直在摸索适合超国家层面的优先发展领域。在欧盟附加价值的指导下，信息通信技术，环境和能源，生命科学、生物技术、食品和健康，材料，以及人才培养和培训成为欧盟层面研发活动主要关注的领域。这五个领域要么是各成员国都会面临的全球性议题，要么是各成员国合作才能解决的共性问题，因此这些领域在框架计划中的地位稳定，能体现欧盟研发活动的基本特征。

对欧盟框架计划的评估是伴随着框架计划发展产生的新课题，各成员国政府及欧盟管理机构都会对框架计划的发展方向和执行情况进行调研。国家层面的评估和超国家层面的评估工作已经显现出不同的特征，对框架计划总体的评估定位于事前，希望对未来的计划有较为精准的预测作用，采用的方法多为问卷调查法；国家层面和对框架计划中的专项/横向计划的评估则都属于事后评价，评价方法多种多样，意在对整个计划的制订、执行和效果作一全面的总结。因此，无论是评估定位还是评估方法，我们都能看出超国家层面与国家层面之间有很大的区别。所以，在评估工作方面对欧盟和国家层面进行比较是不可行的，但各成员国政府还是希望经过30年的积累，欧盟层面的事后评估工作也能逐步展开，使他们看到欧盟层面科研活动的价值。

在框架计划不断扩张的背后，欧盟附加价值作为核心发展纲领始终贯穿其中。欧盟附加价值原本出现于欧盟政治领域，但随着欧洲一体化进程的推进，该理念也被欧盟法律要求全面应用于欧盟各类活动之中。欧盟一直在挖掘超国家层面科学活动中的欧盟附加价值，经过多年的努力，他们发现这一价值理念能帮助各成员国获取更多的资源，欧盟范围内的人才流动和人才培训则有利于他们思维的碰撞和新思想的产生，而超国家层面科研活动的一体化更是未来欧洲一体化中不可或缺的部分。我们相信，随着欧洲一体化的深入，框架计划作为其在科研领域的代表，将会呈现出更多超国家层面科学活动的独特特征。

第八章

欧盟生物技术的制度化发展

生物技术作为20世纪末期新兴高速发展的研究领域，引起了欧洲各个层面的科学家的普遍关注。生物技术是影响国家经济命脉的重要发展领域，分析一个国家的生物技术发展报告也有很多（Wörner et al.，2000）。生物技术的兴起始于美国，欧盟及各成员国也经常与美国做比较以发现自身的独特之处（Abramson et al.，1997）。欧洲生物区域集群的相关研究也很多，英国牛津地区和德国慕尼黑地区是欧洲生物技术集群最为发达的地方（Smith et al.，2000）；德国作为一个生物技术后发国家，其生物技术的成长主要通过区域间的生物竞赛来实现，德国也有专门的研究小组对此次生物竞赛做了详细的探讨（Dohse，1998），尤其关注如何建立科研机构与企业之间的联系（Zucker et al.，1998），如何为生物技术研发活动提供风险资本等。

在第六章中，笔者已经探讨了EMBL的成立，以及分子生物学在欧洲的学科制度化进程。现在，本章将视点沿时代发展继续向前推进，关注分子生物学在20世纪80年代的延伸——欧洲生物技术的新进展。此时，与EMBL所处时代不同的是，欧盟科学技术的发展从跨国层面实验室的建设转向了超国家层面的框架计划和科技法规制定作为主导的方式。作为一个特殊的层面，欧盟对生物技术发展的影响力在于不但设立了一系列针对生物技术研发、生物产品及转基因食品的相关指令（directives），而且出台了具体的生物技术研究计划，加强了这一领域的欧洲一体化进程。

20世纪80年代起，生物技术研究进展神速，成为一门改变全球知识生产和应用格局的科学技术。经济合作与发展组织对生物技术的定义是："为人类创造知识、产品或服务价值，把科学技术应用于活的生命有机体，包括其部件、产品和模型，从而使生命或非生命物质发生改变。"（OECD，2011）分子生物学和免疫学的突破性进展为生物科技成果的应用敞开了大门。1974年，美国斯坦福大学医学院的斯坦利·科恩（Stanley Cohen）教授和加州大学伯克利分校的赫伯特·波伊尔（Herbert Boyer）教授把非洲蟾蜍的核糖体RNA结构基因插入大肠杆菌质粒DNA，再转化入大肠杆菌，发现在大肠杆菌中有非洲蟾蜍核糖体RNA结构的基因表达。上述实验说明，经DNA重组后的外源基因可在宿主体内成功表达。1974年11月，两位教授向美国专利商标局（United States Patent and Trademark Office，USPTO）申请了专利，经过6年漫长的审批之后，该专利于1980年12月2日获得批准。这项专利成为生物技术领域里程碑式的专利，开启了大学和科研机构生物技术研究成果产业化的新时代。如今，生物技术已经成为超越国家范围且能为企业带来巨大商机的研究领域。

与传统学科的发展迥异之处在于，生物技术从初生之时就带有浓厚的国际化色彩。首先，该技术的新知识是在国际同行的激烈竞争中产生的。对生物技术的后续发展起到决定性作用的分子生物学领域，就是在欧洲各国分子生物学学术纲领融合统一的基础之上，建立了欧洲层面的分子生物学实验室，最终形成与美国和日本三足鼎立的格局。其次，生物技术的科技成果转化也多出现于跨国企业中，以来自不同部门的企业间的国际合作为特点。过去的30多年中，从横向来看，涉及生物技术的不同组织，如大学、公司、银行、风险资本、工业界和技术转移机构之间互相交错；从纵向来看，除了国家创新和技术政策外，区域生物技术集群作为新生力量在生物技术领域中扮演了关键角色。

在这样的背景下，本书想探讨以下两个问题：

（1）生物技术在欧盟层面的制度化进程是如何进行的？欧盟层面采取了哪些措施支持生物技术的发展，生物技术在欧洲工业界的制度化是如何开展的？

（2）区域、国家及欧盟这三个生物技术的发展层面是如何交织在一起的，它们分别对生物技术领域的发展有什么影响？

一、区域层面的生物技术发展

20 世纪 90 年代，美国及西欧一些地区不断涌现出以生物技术研发及成果转化为目标的区域集群。美国的加利福尼亚地区（旧金山、洛杉矶和圣迭戈）、东北部（马萨诸塞州、纽约），英国的伦敦、牛津和剑桥，德国的慕尼黑、柏林，以及法国的巴黎地区，都是全世界最著名的生物技术区域集群（European Commission，2001）。位于欧洲的生物区域集群有以下几个典型特征。

它们都围绕在生物研究领域具有国际竞争力的知名高校及科研院所周边。英国牛津郡（Oxfordshire）的生物医学研究非常发达，牛津大学和当地的 9 个医院联合组建了约 53 个医学联合研究小组，由分子医学研究所（Institute of Molecular Medicine）、维康基金人类遗传中心（Welcome Trust Human Genetics Centre）、英国医学研究理事会细胞免疫部（Medical Research Council cellular Immunology Department）共同资助。维康基金人类遗传基金每年约投资 3 亿英镑用于英国学术机构内的生物医药研究，这一金额甚至超过了世界上最大的几个制药公司对生物制药的研发投入。牛津和剑桥的大学都是维康基金人类遗传基金的主要受赠方，维康基金人类遗传基金在牛津设有专门机构管理这一地区的研发投入。此外，牛津布鲁克斯大学（Oxford Brookes University）也在努力促进生物科学的研究（Smith et al.，2000）。

区域层面的生物技术集群在发展初期都是以自下而上的方式形成的，大学等研究机构与企业的联系非常密切。牛津的一些生物技术公司发现很难招聘到某一个具体领域的专业人才，公司的用人需求很快传递到了大学，牛津布鲁克斯大学立刻设置了这一领域的学位及相关课程。1997 年 1 月，牛津基金（Oxford Trust）、巴克莱银行（Barclays Bank）、日本山之内制药公司（Yamanouchi Pharmaceutical Co.，Ltd）所属的研究所等机构组建了一个牛津郡生物技术网络（Oxfordshire Biotech Net），创造 2000 个就业机会方便科学家通过公司和研究机构联合的方式，把他们的创意变成现实。这些活动都是科学家、大学、企业根据自身需求自发组织的交流合作，从而逐步掀起整个牛津地区生物技术成果转化的浪潮。

虽然生物技术集群是以自下而上的方式自发产生的，但国家政策支持和资源投入也很关键。德国的生物技术研究主要集中在科隆、海德堡、柏林和慕尼黑四个地区的国立科研中心内，虽然联邦政府对这四个地区的研究机构投入巨资，但是科学知识转化为生产力的能力严重不足，不能形成像美国、英国那样有活力的生物技术区域集群。于是，德国联邦教育与研究部（Federal Ministry of Education and Research，BMBF）于 1995 年在全国范围内举行了一个生物竞赛（BioRegio Contest），以地区为单位参赛，旨在促进区域的生物技术商业化。17 个地区参加了这场比赛，最后科隆、海德堡、耶拿和慕尼黑胜出。1996～2000 年，德国政府先后对这四个地区注资 7200 万欧元，支持了 57 个研发项目。通过这种方式，德国彻底改变了大学和科研机构传统的研究模式，为相关的企业和公共研究部门架起桥梁，使区域集群模式在德国生根发芽（Dohse，2000）。

二、国家层面的生物技术发展

在巨大的利益诱惑下，欧盟很多成员国纷纷效仿美国，采用多种方式支持生物技术的发展。国家层面的帮扶主要通过三种渠道，即资助相关科研领域、支持打算进入生物技术产业的新公司及建立生物技术领域的大型合作项目，但是各国的侧重点不尽相同。

在欧盟各成员国中，英国的生物技术发展一直走在前列。1980 年以前，英国对于生物技术的支持很有限，直到负责为首相提供咨询服务的政府机构科技委员会（Council for Science and Technology）所属的应用研究与发展顾问委员会（Advisory Council for Applied Research and Development）公布了他们对于英国生物技术现状的调查报告（Spinks，1980），指出英国要想发展生物技术，就应该加大基础研究的投入并鼓励研究成果的转化。英国政府根据他们的调查报告制订了一系列的支持计划：在当时负责科学研究的英国贸工部（Department of Trade and Industry）创立了生物技术人才训练计划，并建立了生物技术数据库和细胞储存中心；医学研究理事会对一些基础研究机构额外注资，尤其是久负盛名的剑桥大学的分子生物学实验室；科学与工程研究理事会把生物技术列为优先发展的九大研究领域之一（Dickson，1984）。除此之外，英国政府还扮演了风险投资者的角色。政府下属的英国技术集团（British Technology Group）会同四家公司于 1980 年注资成立了英国第一家生物技术公司（细胞科技集团，Celltech Group），这家公司利用剑桥大学的分子生物学实验室的科学家们研发的抗体试剂和技术诀窍发展抗体开发计划。从那以后，该公司在单克隆抗体技术研发及批量生产等方面获得了巨大的成功，成为第一个从政府调控过渡到上市公司的成功案例。

德国效仿了英国，其联邦研究与技术部对于生物领域的发展目标同样分为支持基础研究和促进研究成果转化两方面。德国的传统强项是发酵工艺，所以他们对生物领域的投资也偏重这方面。德国政府专门设立了生物技术研究会（Society for Biotechnological Research），全面负责该领域的基础研究、跨学科研究和工业应用。目前，该研究会成为欧洲最著名的生物研究机构之一。

法国的生物技术发展起步较晚，政府扬言要努力促进科学知识向工业的转移，但是实际效果却微乎其微，法国科研中心等大型机构与公司之间的联系甚少。然而，很多国立科研院所注资的公司却大放异彩。由巴斯德研究所和国立埃尔夫·阿奎坦（Elf Aquitaine）制药公司共同控股的公司（Institut Pasteur Production）独享巴斯德研究所的很多技术支持；罗素·优克福（Roussel Uclaf）公司也从法国政府那里获得了很多生物技术方面的资助。法国政府通过对这些与生物技术相关的公司的国有化，实现了生物技术的应用过程（Walton & Hammer，1985）。

总之，欧盟主要成员国纷纷利用投资研究项目、支持科研机构、构建研究成果转化网络等方式促进本国生物技术的研究。如前所述，生物技术本身国际化色彩浓厚，各国在政策制定过程中还面临国际竞争和商业化的挑战。以往的研究成果表明各大跨国公司倾向于把创新研发活动中心设在国内（Patel，1995），而如今欧洲的大型制药或者化学公司都是高度国际化的企业，欧洲、北美、日本都有它们的研发中心和合作项目，它们对本国科研政策的依赖越来越小。那么，在这样的背景下，欧盟各成员国的国家科研体系会不会趋同？国家发挥的作用会不会越来越小？

其实，生物技术领域的国际化大流通、技术竞赛并不会导致欧盟各成员国国家科研系统和政策制定的一致化。生物技术应用的浪潮始于美国和英国，除英国外的其他欧盟成员国都竞相效仿美国，把生物技术列入优先发展领域，但是美国和欧洲各国的发展方式大不相同。在美国，学术研究与应用之间的联系天然形成，结合紧密，政府层面的计划很少强调商业化目标，政府投资主要流向了基础研究，应用研究方面的资金由企业以风险资本的方式提供（Owen-Smith et al.，2002）。而欧盟很多国家作为生物技术后发国，为紧跟国际步伐，其政策规划目的性强，商业化目标明确，严重依赖政府导向。各国的学术传统和科研系统不同，推动生物技术发展的措施也各不相同：法国无论在研发还是在应用领域，国家化的色彩浓厚；德国偏向于发展本国传统的优势领域；荷兰采取税收优惠等灵活政策鼓励生物技术企业壮大。从总体来看，欧盟各国科研体系实力大小各异，市场需求和结构不同，呈分散状态。

造成欧盟内部生物技术发展呈分散状态的根本原因在于该技术关乎国家发展，成员国之间的竞争多于合作。发达的欧盟成员国希望成为欧洲生物技术的领头羊，而很多生物公司如今可以摆脱国家、地域的限制，选择世界上最适合的地点作为它们的研发中心，因此本国企业与国家政策的联系日益松散。这就意味着各国政府需要转变思路，以往所采用的直接投资的扶植方式过于单一，完善灵活的法律框架、优秀的科研机构，以及更加宽松开放的企业发展环境更加重要。这种战略性的转变在德国体现得非常明显。20 世纪 80 年代初，德国政府只关注拜耳（Bayer AG）等大型企业的发展，官方都认为德国在生物技术方面的竞争力取决于大公司，从而忽略了中小型公司的重要性（Jasanoff，1985）。这种传统的战略定位从 1990 年起发生了很大转变。20 世纪 90 年代中期，德国生物技术政策转向对区域集群的支持，关注领先研究项目和世界级的研发中心，加强公共科研机构和工业之间的国家层面的网络联系，支持新兴企业。虽然德国生物技术的商业化起步晚，明显落后于其他大国，但现在德国和英国已经成为欧洲领先的生物技术发展国。德国国家生物技术政策的转变对德国成为生物技术强国有很大贡献。

三、欧盟层面的生物技术发展

对欧盟各成员国而言，国家生物技术政策的制定和科研体系的设置不仅受美国、日本等竞争对手的影响，更重要的是与欧盟层面的政策协商和科研活动紧密联系在一起。过去的 20 多年间，欧盟层面对于生物技术的影响主要体现在以下两个方面：一是生物技术研究、生物技术产品开发及商业化相关指令的制定和贯彻；二是框架计划中设立的生物技术资助项目的执行。

1. *欧盟层面的活动之一：欧盟层面生物技术指令的制定*

1975 年，美国加州阿西罗马（Asilomar）举行了以 DNA 分子的安全性为主题的国际会议，世界各国科学家首次讨论生物技术的潜在危害，提醒各国政府保持警惕，并号召对 DNA 重组技术加以控制。从此开始，世界范围刮起了生物技术立法之风。1976 年，美国国立卫生研究院颁布了《重组 DNA 分子研究准则》后，以德国、法国和英国为首的欧盟各成员国也相继颁布了各自的条例（翟晓梅和邱仁宗，2005）。

20 世纪 80 年代，欧洲一体化进程缓慢，生物技术立法无从谈起。但是生物技术已经受到官方重视，列入欧盟委员会科学、研究和发展司的框架计划内。1984 年，负责研发和工业事务的欧盟委员会副主席达维农、负责内部市场和农业事务的欧盟委员会委员卡尔海因茨·纳耶斯（Karl-Heinz Narjes）和保罗·达尔萨格（Poul Dalsager）共同提交了一份报告，号召欧共体内部合作，并成立了生物技术筹划指导委员会（Biotechnology Steering Committee，BSC）。在该委员会成立之前，工业事务司，农业司，科研和发展司，信息、市场和创新司的负责领域中都涉及生物技术立法，它们与生物技术的关联各不相同，各自都拥有自己的决策网络和运行规范。该委员会成立目的就是为各个司的工作协调架起一座桥梁。但是由于缺乏明确的决策机制和任务目标，生物技术筹划指导委员会并没有完成预定目标。1985 年，生物技术筹划指导委员会同意成立生物技术规范部门协调委员会（Biotechnology Regulatory Interservices Committee，BRIC），后者极大地推动了欧盟层面的生物技术活动进展。1986 年，欧盟委员会参照经济合作与发展组织发表的《关于重组 DNA 安全问题的蓝皮书》（OECD，1986），提交了题为"欧共体生物技术条例框架"的报告（Official Journal of the European Communities，1986），报告中首次提出应该制定欧洲层面上的转基因作物法案。

从 20 世纪 80 年代末起，生物技术相关的立法责任就从国家层面转移到了欧盟层面。环境、核安全和公民保护司总体负责生物技术法案的制定，经过各部门间旷日持久的协商，关于转基因微生物封闭使用的《90/219/EEC 指令》（Official Journal of the European Communities，1990a）和关于转基因生物向环境有意释放的《90/220/EEC 指令》（Official Journal of the European Communities，1990b）正式颁布，世界上第一个管理转基因生物的法案正式通过。这意味着，生物技术的研发、产品、市场化的所有规则，转基因技术的知识产权保护、转基因食品的规则制定都先由欧盟负责指令，然后传递到国家层面，成员国可以自行选择执行的形式和方法。

《90/219/EEC 指令》和《90/220/EEC 指令》刚一公布，立刻引起科学家、工业界、美国政府及相关利益集团的炮轰。由知名科学家组成的生物技术高级专家团（SAGB）[①] 认为，这一法案缺乏科学基础，蔑视转基因生物，并会对欧洲的生物技术应用产生不利影响（Senior Advisory Group on Biotechnology，1990）。工业界代表警告政府，如果这一法令过度阻碍生物科技

① 生物技术高级专家团后来并入生物技术产业协会（Europa Bio）。

公司的发展，这些公司很有可能会把研发中心转移到美国。特别是，美国在1991年2月出台了《国家生物技术政策报告》，提出要调动全部力量进行转基因技术开发并促进其商业化。这份报告推动孟山都（Monsanto Company）、杜邦（DuPont Company）等著名的化工和医药公司大力发展生物技术，成为全球转基因农业技术应用的主力。欧盟委员会通过的条例对美国转基因农产品在欧洲的推广设置了重重障碍。

由此，生物技术法规开始了旷日持久的修订过程，在这一过程中欧盟科技决策机制也发生了很大改变。1990年7月，欧盟委员会主席雅克·德洛尔（Jacques Delors）责成欧盟委员会委员帕斯卡尔·拉米（Pascal Lamy）负责就生物技术法案在欧盟委员会内部展开广泛讨论，并成立了由欧盟委员会秘书长大卫·威廉森（David Williamson）担任主席的生物技术统筹委员会（Biotechnology Coordinating Committee，BCC）。该委员会中的成员数量大幅增加，包括欧盟委员会中的对外关系司，工业事务司，就业、社会事务和教育司，农业司，环境、核安全和公民保护司，科学、研究和发展司，信息市场和创新司，市场司的委员。在秘书长的领导下，与生物技术相关的所有司只负责参与讨论提供信息，最后由秘书长组织形成决议。这一次讨论与众不同的是：在欧盟各机构、成员国及各类非政府组织间进行协调，并建立欧盟委员会各部门和工业代表之间圆桌会议体系。这种方式被称为公开协调模式（open method of coordination，OMC），日后在欧盟的科技政策制定中被广泛应用。从此开始，欧盟委员会不再只是官方的交流平台，而逐步成为欧盟官方、各成员国政府、科学家、工业界等各个利益集团博弈的交汇点。

《90/219/EEC指令》出台后，德国政府在此基础上制定了更加严格的生物技术政策——《基因技术法》[①]，而在欧盟其他国家的法规相对宽泛。这引起德国企业界代表的强烈不满，他们一方面筹划将研发中心搬到其他成员国，另一方面试图通过促进欧盟层面的生物技术法规改革来敦促德国政府做出相应调整。同时，曾任德国经济部部长的欧盟委员会负责工业事务的委员马丁·班格曼（Martin Bangemann）也认为德国的法规过于严格，加上英国国会的反应，促使他为欧盟生物技术政策的修订做出进一步的努力。正是在他的推动下，1993年，欧盟发表了《关于增长、竞争力和雇佣的白皮书》。该白皮书广受欢迎，促使欧盟对生物技术指令继续修订。1995年6月，生物

---

① 德国从1990年开始制定《基因技术法》（*Gesetz zur Regelung der Gentechnik*），此法案至今一直处于不断修改状态中。

技术统筹委员会就《90/219/EEC 指令》和《90/220/EEC 指令》向欧盟委员会提交了最后的建议，但是委员会内部各个成员之间分歧严重[①]，导致《90/219/EEC 指令》修正案于 1998 年年底才获得欧盟委员会批准。

在 1999 年欧盟委员会的各国环境部长会议上，法国、丹麦、希腊、意大利和卢森堡等国表示如果《90/220/EEC 指令》不修改，他们将拒绝新的转基因产品上市。基于欧盟共同市场的原则，欧盟监督委员会和欧盟部长理事会暂停审批新的转基因生物体。虽然欧盟没有任何立法禁止转基因生物的审批，但“暂停”事实上意味着对转基因生物的禁止。欧洲一些大型的生物技术公司积极活动，加快《90/220/EEC 指令》修改步伐。比利时的安万特公司（Aventis CropScience）组织了欧盟层面和国家监管机构的非正式聚会，讨论如何指导农民种植转基因油菜，并提供了转基因油菜产品的监测方案。该公司负责生物技术的主管帕特里克·路德舍姆（Patrick Rudelsheim）说：“我们非常确定，公司提出的方案与法案的修订方向是一致的，我们与监管部门的讨论只是想对我们的推断做一个现实证明。”（Hodgson，2000）

经过类似的过程，《90/220/EEC 指令》最终也于 2001 年被新发布的《2001/18/EC 指令》所取代。随着生物技术的发展和各集团利益的碰撞，欧盟有关生物技术的法规还将遵循上述程序进行不断的修订。而且，欧洲一体化的深入也使不同利益方的代表在欧盟决策层中发挥的作用日益显著。正如杰瑞米·里夫金（Jeremy Rifkin）所说：“欧盟的日常管理工作越来越多地委托给非正式的行为体网络，这改变了普遍意义上的政府运作方式。过去集权式的、自上而下的治理模式逐渐让位于一种以过程为取向的治理模式，他们在同一平面的结构化网络中变得更容易操作。”（Zielonka，2007）

2. 欧盟层面的活动之二：欧盟生物技术计划

欧盟层面的生物技术活动的第二个主要部分是相关的技术计划和投资。起初，生物技术的价值在欧洲尚存争议，未引起各国的足够重视，只有法国政府呼吁欧盟应该积极支持生物技术的发展。根据报道，1983～1985 年，法国对生物技术的投资达到了 1 亿美元，相比之下，英国和荷兰的同期投资分

---

① 由于新上任的环境事务委员丽特·比耶勒高（Ritt Bjerregaard）对改革的方案非常不满，她拒绝与参加生物技术统筹委员会的环境、核安全和公民保护总司的官员做任何沟通，而是由她的环境“内阁”起草了一份新的草案提交给委员会。委员团内部产生了巨大的分歧。比耶勒高的这一行动激怒了工业事务委会的班格曼和科学、研究和发展委员的克里森，他们联合提出一项与其建议相反的提案。双方僵持不下，最后在委员团内投票表决。1995 年 12 月，班格曼和克里森的建议获得通过。

别只有 8000 万美元、3000 万美元（Dibner，1986）。

各成员国对生物技术的忽略也反映在欧洲层面的决策中。欧共体制定的第一个生物技术专项计划——“生物分子工程计划”（Biomolecular Engineering Programme，BEP）（1982～1985 年）投资仅有约 1500 万欧元。因为各国对生物医学研究有很大分歧，所以该计划的研究范围仅限于农业和食品方面。1983 年起实行的 FP1 中，欧洲议会驳回了欧盟委员会为生物技术提供 8000 万欧元的提案，仍将信息技术置于优先发展地位，增加其研发投入，最后分配给生物技术的资金只有 3710 万欧元（Nollert，2000）。

很快，随着美国生物技术产业的迅猛发展，欧洲的情况也有很大变化。欧共体执行的第二个生物技术专项计划——“生物技术行动计划”（Biotechnology Action Programme，BAP）（1986～1989 年）的预算为 5500 万欧元，中途西班牙和葡萄牙两国积极响应，为该计划带来了 2000 万欧元的预算。第二个生物技术专项计划的目标是改进科学技术基础设施和教育水平，旨在加强各国大学和科研机构之间网络联系的欧洲实验室无墙计划就是这一行动计划的产物。FP2 执行了 BRIDGE 计划，投资达到了 12 000 万欧元。相比于生物技术行动计划，BRIDGE 计划更加注重大型项目，并且从一开始就欢迎非成员国加入研究小组。但是，与 ESPRIT 不同的是，生物计划研究一开始并不包含工业界的成分①。FP2 里两个主要发展农业的计划中同样包含生物技术研发，这两个计划分别是通过研究建立欧洲农业和工业联系项目和“食品业的农业工业研究”（Food Linked Agro-Industrial Research，FLAIR）计划。前者偏重生物技术的农业产业化使用，投资为 8000 万欧元；后者注重促进生物技术在食品方面的研发，投资为 2500 万欧元。此外，生物医药研究也是重头戏，FP2 的投资达到了 13 300 万欧元。

1992 年 3 月，FP3 中有关生物技术的 BIOTECH Ⅰ计划通过了欧洲议会的审核，计划执行时间为 1992～1994 年，预算为 16 400 万欧元。该计划的主要目标是鼓励生物技术在农业、工业、健康和环境方面的应用。从这个目的出发，分子生物学研究引起了大家的普遍重视，蛋白质结构、抗原抗体互相作用、细胞和有机体研究等领域都成了热门话题。

从 FP4 起，欧共体把生物技术正式列为与信息、电信、材料同等地位的重点发展领域。与此相对应的 BIOTECH Ⅱ计划的投资大幅度增加，达到了

---

① 实际上，与框架计划不同的是，尤里卡计划从 1985 年开始实施时就积极吸纳工业界代表融入其中。

55 200 万欧元，计划的定位也有了很大的改变，不仅关注生物技术本身，而且希望促进各国研究计划之间资源的协调、解决生物技术应用带来的伦理、社会和法律问题，促进科学家、官员和民众之间的交流。

从长时段来看，欧盟对生物技术的研发投入占总体研发投入的比例大幅增加，从 FP1 的 1.4%上升到 FP4 的 12.8%。FP2 和 FP4 中生物技术的资金投入明显上升，但从 FP2 到 FP3 阶段研发投入的变化不大。与此相对应的是，信息和通信技术的投入大幅下降，占框架计划总额的投资比例从 FP2 的 42%下降到 FP4 的 28%。

目前，欧洲生物技术的发展状态可以在比利时农业生物技术公司（Plant Genetic Systems，PGS）得到具体体现。1982 年，根特大学（Gent University）成立 PGS 公司，有 135 名雇员，与北美和印度的公司都有合作，同时它也是欧洲最大的独立生物技术联盟生物技术高级顾问团的成员。从一开始，PGS 公司就从事欧洲和亚洲市场中新兴谷物、植物油和蔬菜的研发。现在，PGS 公司拥有 43 项专利，同时有 142 项专利正在申请当中。PGS 公司的先锋产品是研究可以抵抗害虫的农作物，这种农作物在培育期间就加入了一种特殊基因，使植物细胞在生长过程中就可以产生对害虫有毒的蛋白质。20 世纪 80 年代中期，PGS 公司就参与了框架计划，并与尤里卡计划中的两个计划有合作。同时，PGS 公司也参与了欧盟的人才训练计划，对同一研究领域的学生给予资助。

最后，科学技术联合委员会和尤里卡计划都支持生物技术和基因工程的项目。尽管科学技术联合委员会的计划对私人企业的吸引力很小，但是它的项目数量也从 1971 年的 7 个增加到 1995 年的 115 个，其中有 13 个项目与生物技术有关。尤里卡计划包含了 9 个技术领域，对化工和制药业更具有吸引力。

四、生物技术在欧洲工业界的制度化进展

2008 年，欧盟各成员国企业研发投入占总体研发投入的比例已经达到了 63.9%。其中，除希腊及 7 个东欧新成员国外，其他国家的企业研发投入所占比例都达到了 50%以上。可以看出，工业企业中的科技发展已经成为欧盟整体科技发展中不容忽视的一部分。而从 20 世纪 90 年代中期，欧盟的研究报告中发现，虽然欧盟基础科学方面取得了可喜的成绩，但是在技术领域及工业化应用方面的表现明显落后于竞争对手美国和日本。这种在前文所提及

的“欧洲悖论”的现象提醒我们：仅仅关注公共研究部门的欧盟层面的科技发展远远不够，科学技术在欧盟工业领域、工业环境中的制度化问题也应该引起我们的重视。

以往已经有人对科技在工业中的制度化进行过详细的探讨。从 19 世纪后期开始，资本雄厚的大企业开始大量雇佣科学家，自主从事研发工作（刘立，1996）。有的人认为，科技在工业中的制度化本质是科学整合到工业中，实现工业研究的企业内部化过程。科技在工业中的制度化有五大条件：科学、认识、经济、法律和人力条件（刘立，2000）。也有人提出法律框架、公共研发和创新政策、相应的财政系统、研究和教育系统、知识生产的模式是科技在工业中实现制度化的五个主要因素（Freeman，1995；Nelson，1987）。但是上述研究都是从国家层面的角度出发的，并没有关注超国家层面科技实体在工业领域中产生的影响。笔者在结合以往研究经验和现有的学术积累的基础上，提出研发纲领的构建、法律框架的完善、科技体制及政策的支持、科技人力资源的补充、货币资本的配合是评估科技在工业中的制度化的五项指标。

科技在工业中的制度化的五项指标中，欧盟在法律框架的完善、科技体制及政策的支持和货币资本的配合方面做了很多工作。由于欧盟本身并不从事实际意义上的生物技术研发活动，所以它只能通过生物技术研发框架计划的制订，为各成员国的生物技术研发纲领提供参考意见，指导其发展方向。美国一直走在生物技术领域的最前端，很多欧洲企业更倾向于在美国训练它们的研究者，从而获得更高质量的人才，欧盟层面的人才培养计划对生物技术人才的吸引力不大。

1. 欧盟生物技术立法

欧洲层面的指令成为欧洲生物技术立法的主导力量。欧盟于 1990 年开始介入生物技术立法，颁布了关于转基因微生物封闭使用的《90/219/EEC 指令》和关于处理转基因微生物的实验及开放转基因产品系统的《90/220/EEC 指令》。如上所述，从 1990 年至今，这两项重要的指令一直处于不断的修改中，各成员国的生物技术立法都会参照欧盟的相关指令。此外，欧盟还于 1995 年成立了一个非常重要的组织——欧洲药品管理局（the European Agency for the Evaluation of Medicinal Products，EMEA），这一机构不仅专门负责制定欧盟内部的医学产品法律章程，而且负责欧盟内部药品的审查、批准上市，评估药物科学研究及监督药物在欧盟市场使用的安全性和有效性。这意味着，欧盟层面取代了国家层面，成立了一个与美国联邦食品与医药管理局（US Food and Drug Administration，FDA）类似的机构，统领欧盟各成员国的医学法规和药品评估工作。

2. 欧盟层面支持生物技术在工业中发展的相关政策

欧盟从 1981 年起就开始支持生物技术研究，先后执行了两个生物技术专项计划，但是却并不包括能够产生巨大经济效益的生物医药行业。由于各国对生物医学的界定及社会影响有很大分歧，所以 20 世纪 80 年代欧盟层面上的生物研究计划均不包含生物制药方向。直到 20 世纪 90 年代，欧盟层面的生物制药计划才大幅度展开，如第一个生物医药计划（BIOMED I，1990～1994 年）、第二个生物医药计划（BIOMEDⅡ，1994～1998 年）、BRIDGE 计划（1990～1993 年），以及 BIOTECH 计划（1992～1998 年）。但是欧盟层面的研究计划都只注重基础研究，而且几乎所有的参与者都是学术机构的研究人员，把工业界的研发活动排除在外。这种局面的产生与欧盟框架计划的定位有很大关系。早在 ESPRIT 时期，由于专利申请和保护制度还未在欧盟层面达成共识形成法律条文，欧盟层面的框架计划都只从事前竞争性研究。这项规定为生物制药企业寻求欧盟层面的支持设置了障碍，以 BRIDGE 计划为例，这一计划注重大型项目，并且从一开始就欢迎非成员国加入研究小组。但是，与 ESPRIT 不同的是，BRIDGE 计划从一开始就对工业界紧闭大门。与之相反的是，跨国合作计划尤里卡计划从 1985 年开始实施时就积极吸纳工业界代表融入其中。因此，在工业界，尤里卡计划比框架计划更具吸引力。

对于生物技术发展的源头——区域层面的中小型企业而言，欧盟框架计划的吸引力也很小，这与框架计划的制订传统有关。ESPRIT 的成功导致框架计划的产生，而该计划是欧盟委员会与欧洲的大型企业代表合作的结果。因此，框架计划从一开始就更多地关注大型企业。在 FP2 和 FP3 中，大型企业还是占相当大的比例的。1996 年，欧盟委员会建议成立一个专门的行动计划（Action Plan for SMEs）帮助中小型企业加速技术转化。同时，欧盟委员会也建立了种子资金（seed-corn capital）和专项贷款，扶植中小型企业，并建立了很多创新中心（innovation relay centers）促进技术转移。至今为止，框架计划仍然是欧盟帮助生物技术中小型企业的主要措施。FP5 试图对中小型企业更加友好一些，欧盟设立的四个发展主题中就有一个专门关注生物科学，为中小型企业分担费用、提供机会促进联合研究的主题。框架计划的三个横向计划也尤其注重中小型企业的创新和参与度。从 FP5 起，框架计划中的所有研究活动和成果都对中小型企业开放。具体鼓励中小型企业发展的措施包括以下几个方面。

（1）联合研究计划（Co-operative Research Project，CRAFT）支持遇到技术问题但没有经费解决的中小型企业。它们作为大型研究项目的合作第三方，从自己的角度出发，与大型企业共同参与研究项目。

（2）中小型企业开拓奖（SME Exploratory Awards）为想要参与框架计划的企业提供准备研究计划的部分费用。

3. 支持生物技术的欧盟货币资本市场

在美国，大部分生物技术的成长性公司大多先借助风险资本来运营，运行到一定程度后在纳斯达克（NASDAQ）交易市场上市融资以谋求更大的发展空间。在欧洲，生物技术企业的发展基本上都在效仿美国，而与此相对应的欧盟风险资本市场与服务于高成长性高科技企业的独立股票市场也都在模仿美国的模式。

与美国相比，欧洲风险资本市场的发展要滞后很多。欧洲层面上的风险资本市场极其分散，各成员国风险投资的数量有极大的不同。欧盟为了能整合各国的风险资本，于 1998 年在斯德哥尔摩举行的欧洲议会上建立了一个风险资本行动计划，目标是到 2003 年建立欧洲一体化的风险资本市场。然而，这一行动计划提出了很多结构上的改革措施，遭遇了一些成员国的抵制，因为这涉及各成员国需要让出一部分经济主权交由欧盟来处理，尤其是解除税收负担方面。待欧洲政治经济一体化的进程上升到更高层面时，与欧洲的生物技术发展所需的风险资本市场才能得以发展。

可喜的是，早在 1996 年，第一个根据欧盟建立统一大市场的有关法律建立起来，覆盖全欧专职服务于高成长性中小型高科技企业的独立股票市场——伊斯达克市场①开始运作。创建伊斯达克市场的设想，最早形成于 1992 年年底。当时，伦敦股票交易所决定关闭为中小企业融资的 USM 交易市场，引起欧盟国家的关注。为了支持创新型的中小企业和成长型的高科技企业筹措资金，1994 年年初，欧洲创业资本协会提议模仿美国纳斯达克，成立一个独立的欧洲股票市场。在欧盟委员会和比利时政府的支持下，1996 年 11 月，伊斯达克市场正式开始运作，宣告欧洲第一个为高成长性和高科技企业融资的独立电子化股票市场诞生。

尽管伊斯达克市场被称作“欧洲的纳斯达克”，但它毕竟只是一个小规模市场，无法与纳斯达克相比。然而，伊斯达克市场的发展速度很快，对欧

① 欧洲伊斯达克市场的全称是“欧洲证券交易商自动报价系统”，英文名为 the European Association of Securities Dealers Automated Quotation，EASDAQ。

洲高增长性的生物技术创新型中小企业的顺利融资起到了极大的推动作用。截止到 2005 年 5 月，在伊斯达克市场直接上市的欧洲公司已达 58 家，主要为软件业、信息技术行业、电信业、生物工程及医药行业等。伊斯达克市场的目标是在 5 年内将市场上市公司的数量扩大到 500 家。伊斯达克市场的市场业绩良好。据伊斯达克市场提供的最新统计数字，2000 年第一季度，伊斯达克市场的市场交易额比去年同期增长了近 10 倍，达到 115 亿欧元；而上市公司的市值比去年同期增长了 45%，达到了 622 亿欧元。伊斯达克市场上市公司的平均资本已达 11 亿欧元。伊斯达克市场之所以繁荣发展的一个重要原因就是欧盟大力发展与知识社会有关的创新活动，生物技术产业和信息产业走红，带动了伊斯达克市场的发展。

五、本章小结

从生物技术发展的历程可以看出，欧盟科学技术的制度化进程从以知识生产为导向转向了以知识应用为导向。以往，CERN、EMBL 等机构的建立，虽然巧妙利用了当时的经济、政治及军事背景，但是科学家们始终在强调这类实验室的宗旨是促进基础研究的进展，为人类精神领域的知识进步做出贡献。而从 20 世纪 80 年代起，欧洲层面的科技制度化从建立科学实验室过渡到了制订框架计划和相关的政策法规。这一转变直接导致纯科学研究的色彩被淡化，社会无偿对科学进行的投资被弱化，转而要求科学家应该回馈社会，用自己的研究成果为人类创造实际收益和价值。这种转变也赋予科学家多重的角色，科学研究仅仅是他们的一个身份。科学家的定位开始发生变化，他们不仅是大学里的研究员，也是相关企业的创始人或参与者，同时肩负着技术成果向市场转化的责任。

20 世纪 50 年代到 70 年代的欧盟科技制度化是国家层面的科学和欧洲层面的科学之间的交流和对抗，而从 20 世纪 80 年代起，这种交流和对抗中又添加了另一个不容忽视的主角——区域层面的科学。从生物技术的发展可以看出：如果说，国家层面的纯科学研究是以往的分子生物学得以制度化的推动力量，那么，后来生物技术蓬勃发展的原动力则是以大学和企业联合体为特征的区域集群。区域层面成为欧洲科学技术制度化不可忽略的新兴力量，同国家科学和超国家科学站在同一个平台上，形成三足鼎立的格局。区域层面的科技研究和技术转化型企业是生物技术的源泉，国家层面的政府支持是生物技术持续发展的保障，超国家层面则成为区域层面和国家层面的协调沟通平台。科学家、企业、各国政府代表、相关学会和组织机构负责人在这一平台上相互磋商，形成了创新的多层科技治理模式，制定欧盟统一的科技指令。这一阶段中，超国家层面的科学力量发挥了积极的作用，欧洲意识不仅在学术界深入人心，而且迅速向企业和工业界渗透。但总体而言，由于生物技术关乎国家经济命脉，所以国家层面的科学在决策机制中占据了上风，生物技术领域中超国家层面的科学力量还是比较薄弱的。

生物技术是一个与工业应用密切结合的领域，那么科技在工业中的制度化进程所必备的各项要素中，欧盟分别扮演什么样的角色呢？经分析可以发现，欧盟在科技指令的决策方面表现出色，欧洲统一的科技指令为各成员国工业企业适应激烈的国际竞争提供了方便；面对与美国和日本的竞争及合作，欧盟层面的生物技术政策也能为各国的生物技术研发纲领起到导向性作用，不会使各国科学家的研究方向发生偏移；而欧盟层面的科技资助计划却表现一般，这主要归结于欧盟的前竞争性质的政策定位与工业制度化要求快速的科技成果转化这一要求相冲突，所以尤里卡计划等其他欧洲跨国合作计划的优势更为明显；受欧洲一体化的影响，欧盟层面的风险资本市场的发展还处于萌芽阶段，欧盟层面的高科技企业股票市场已经建立，虽然实力有限但发展潜力巨大；而欧盟的教育领域的计划对研究者的吸引力也不大，工业中的研究者更愿意在美国的研发中心进行前沿学术交流。

欧盟在科学技术的工业制度化进程中发挥的作用有限，并不是单纯的科技发展问题。要想构建知识型社会，要想推进科学技术在工业中制度化，已经不能仅仅依靠学术机构内部的改革和协调来完成，而是需要政府、教育、科研、资本、工业系统等国家的各个领域通力合作，这就对欧洲一体化提出了更高的要求。只有欧盟的政治经济一体化达到了更高的层面，才会为未来欧盟科学技术的制度化发展铺平道路。

第九章

欧盟及各成员国科研系统基本特点分析

在半个多世纪中，欧盟经历了6次扩张，成员国从最初的6个发展到今天的28个。欧盟已成为一个拥有4.8亿人口，世界区域一体化程度最高的组织。目前，欧盟层面的科技一体化投资并不高，数据统计，欧盟层面上的研发投入仅占各成员国研发投入总额的10%，欧盟层面的科技活动定位于协调各成员国间的科技活动，避免重复，提高欧盟研究项目的效率。因此，了解欧盟层面上的科技制度化进程，有必要对欧盟及各成员国国家层面的科研系统有总体的认识。

以往的研究中，通常把国家科技管理与决策机制分为两种基本模式及两种衍生模式（Crane，1980），它们分别是：①多头模式（the pluralistic model），在此模式中，科技资源被划分到一些平行的政府部门；②集中模式（the centralized model），在此模式中，由一个强有力的中心机构控制各部门的科学活动；③咨询协调模式（the coordinational model），在此模式中，由一个顾问委员会协调各方面的科学政策；④协作模式（the concerted action model），在此模式中，各个具体部门分别提出各自的科学政策，但在各部门之上，由一个控制机构提供强有力的协调和统一行动。实际上，在这四种管理和决策模式中，多头模式位于一极，而集中模式位于相反的另一极，咨询协调模式和协作模式则居于两者之间。从世界各国科技管理的历史实践来看，没有哪个国家始终奉行多头管理或是一元化的集中管理。

本章基于上述分析，从科技政策的决策和执行两个维度出发，根据这两个维度分别由一个或两个部门负责还是多个部门负责的角度，把科技政策的机制分为协作决策与分头管理、协作决策与集中管理、集中决策与集中管理，以及集中决策与分头管理四类。

一、欧盟各成员国科研体系的基本特点

当今，科学活动已经不只是科学家个人的兴趣爱好。一个国家的科研体系是这个国家政治体制的一部分，政治体制的不同导致了国家科研系统的多样性。欧盟 28 个成员国的国家科研系统的管理结构有很大不同。其中，25 个国家由政府统一制定总体的研发政策，构建核心的科研管理机构。只有德国、西班牙和比利时 3 个国家是联邦政府和州政府共同组成一个国家的研发系统①。有的国家成立了专门管理科研活动的部门，有的国家则是分散在不同的部门之中；有的国家把科研资金的提供者和科学家之间的界限进行了明确划分，有的国家的研究组织则身兼两职；一些国家把研究活动放在教育部或者工业部名下来管理，另外一些国家则干脆把科学和技术分开划归两个部门管辖。

尽管 28 个国家的科研系统五花八门，但管理模式由于政治体制、文化背景或历史渊源能看到很多相似性。因此，本章旨在研究 28 个成员国国家科研体系的特点，逐步分析科研体系的各个环节，总结它们在管理结构上的共同之处。在此基础上，将欧盟各成员国国家科研体系的管理模式进行归纳总结，并举例详细说明不同管理体系的基本形态和分工类型②。

1. 协作决策与分头管理

协作模式是指政府在充分考虑位于科技政策执行的垂直分工链和水平分工链上的各个部门意见的基础上统一制定科技政策的模式，英国、爱尔兰、荷兰、塞浦路斯、爱沙尼亚、意大利、拉脱维亚、西班牙、斯洛文尼亚和捷

① 近两年，英国也把部分科技政策的制定权下放到了地区政府，具体分析详见后文。

② 在对欧盟 28 个成员国的科技管理模式进行分类分析后，发现没有一个国家属于集中决策、分头管理模式，因此下文中仅提到了三种模式。

克 10 国属于这种管理体系①。这种模式中，科技决策的核心在内阁，这 10 个国家都重视内阁级别的各部首脑合议功能。为了避免政策的片面化，这些国家都设置了具有协调审议功能的科技委员会，辅助内阁的决议机制。在科技政策的执行过程中，这类国家的各个部委都会肩负起研发的责任，分工程度较高，整体研发经费的集中度较低，因此在水平分工链上属于多元模式。但因为这些国家的科研活动较为分散，会有一两个主要部位扮演协调整合的功能。下面以英国（图 9-1）为例具体说明这类管理模式的细节。

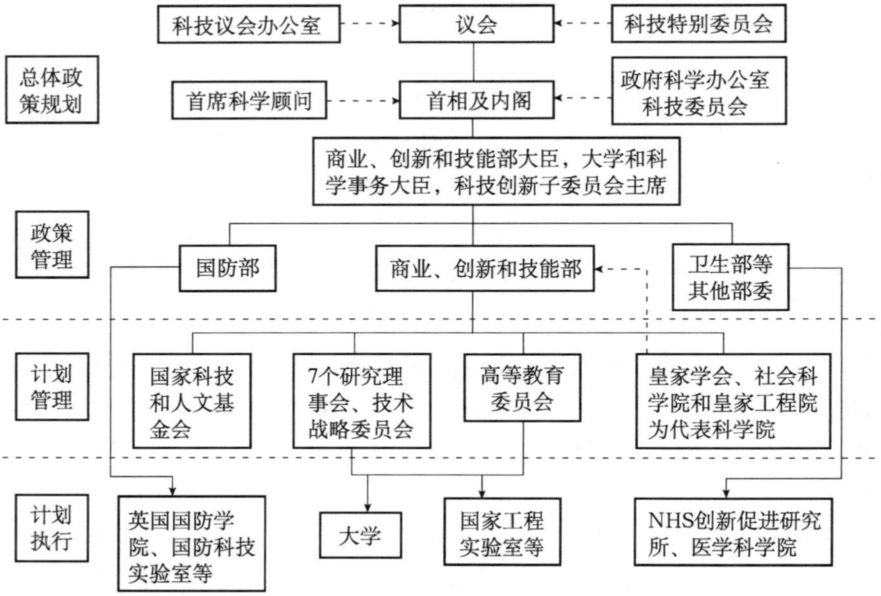

图 9-1　英国国家科研系统概览

实线表示制定和执行功能，虚线表示咨询功能

资料来源：European Commission（2009a）

英国是典型的内阁制国家，首相掌握实权，内阁成员由首相从下议院议员中提名，经英国女王同意后任命。十多年前，所有政策的制定和执行都由英国政府总体完成。从 1998 年起，英国通过法律和全民公决对苏格兰、北爱尔兰和威尔士进行放权，导致苏格兰和北爱尔兰对本地区的教育和工业政策制定享有独立立法权，威尔士地区政府负责管理本地区的教育和工业政策

① 关于这 4 国科研体系的文献来自 *ERAWATCH Country Report 2009* 中英国、爱尔兰、荷兰和捷克 4 国的详细分析。European Commission. 2009. *ERAWATCH Country Report 2009*：United Kingdom，Ireland，Netherland and Czech Republic，Luxembourg：Office for Official Publications of the European Communities.

的执行（Dawn，2003）。虽然现在英国的科研系统因政治体制改革的影响而变得复杂，但该国的科技政策制定权却一直掌握在国家手中。

1）分工形态

在英国，由首相提出科技发展方针，在内阁中与商业、创新和技能部（the Department for Business，Innovation and Skills，BIS）大臣，该部专门负责大学和科学事务大臣（the Minister of State for Universities and Science），科技创新子委员会（Sub-Committee on Science and Innovation）主席及其他各部大臣为代表的内阁成员共同协商，并做出最后决策。苏格兰和北爱尔兰也依照类似程序制定本地区的技术和工业相关政策。科技政策的规划和管理交由各个部负责，并由以各个研究理事会和技术战略委员会（Technology Strategy Board）为代表的计划管理单位具体负责执行。因此，在整体的科技政策及执行环节上，呈现出协作型的分工形态。

在水平方向上，各个部委都会负责各自领域研发活动的开展，并由商业、创新和技能部从宏观上整合研发活动。根据2010年的统计数据，商业、创新和技能部用于研发的投资金额达到了46亿英镑，它与国防部的研发预算总和占全国研发预算的80%（BIS，2010），涵盖了基础研究、应用研究与商业化应用各个方面。但商业、创新和技能部下属包含7个子研究理事会、1个技术战略委员会，苏格兰、威尔士和北爱尔兰都有权利自主执行本地区的科技政策。所以，英国的科技政策管理和执行的任务分别由商业、创新和技能部对应的多个机构、各部委和多个地区的部委共同完成，属于多部门、多机构负责的分头管理形态。

2）科技政策的制定与执行

英国议会在英国科技体制中扮演着审议和监督的双重角色。一方面，议会对与科技相关的政策能否合法化并执行具有最终决定权，议会中设立了一个独立的科学技术政策分析机构——科技议会办公室（Parliamentary Office of Science and Technology），主要讨论与国家重点研发活动相关的议题。该机构为了确保其观点的独立和公正，不与议会及任何政府各部门合作。另一方面，众议院和下议院各有一个科技特别委员会（Select Committee on Science and Technology），这两个委员会的主要职责是评估商业、创新和技能部中与科学技术相关的公共政策的实施情况、人才等科技资源的分配状况，核查有关科学技术活动的预算等。

英国的科技政策制定主要集中在内阁会议中，首相与商业、创新和技能部大臣，大学和科学事务大臣、科技创新子委员会主席及各部大臣共同协商。在整体科技政策的形成过程中，商业、创新和技能部大臣与其下属的大学和科学事务大臣的影响至关重要。同时，科技委员会、首席科学顾问(Government Chief Scientific Adviser，GCSA）和政府科学办公室（Government Office for Science，GO-Science）担任首相及内阁的咨询工作，为各类科技发展议题出谋划策。

商业、创新与技能部是英国政府中负责科技政策执行的主力军，通过7个研究理事会、技术战略委员会和英格兰高等教育委员会、英国皇家学会等非政府机构分配科研资金，并对这些组织机构的首脑具有任命权。该部门的核心目标是努力促进英国成为世界一流的科技强国，通过对大学和公共科研机构的投资、科技人员的培养从而确保英国经济发展的研究基础。近年来，英国政府更加强调创新，商业、创新与技能部的职责中突出了知识转移的重要性，强调大学及公共科研机构的研究成果在企业及更广泛的团体中应用，促进新产品和新服务的发展。

3）科技计划管理与执行

如上所述，商业、创新与技能部支持的与科技相关的非政府组织主要有3个，其中最著名也最重要的是研究理事会和英格兰高等教育委员会。经过整合后，英国现在有7个研究理事会，每个理事会负责一个“大学科”门类，它们合起来成为英国公共科学资金的主要来源，每年负责的科学预算达到35亿英镑。技术战略委员会和国家科技和人文基金会是商业、创新与技能部下属的促进技术研发和应用的组织机构，前者在2008年已投资1亿英镑，2011年年底要投资5亿英镑加速技术创新（TSB，2010)，后者与其他机构合作共同孵化处于起步阶段的技术型公司。

此外，以英国皇家学会、英国皇家科学院（the British Academy）和皇家工程院（the Royal Academy of Engineering）为代表的科学院或学会虽然不是政府机构，但也与商业、创新与技能部关系密切。与上述非政府组织不同的是，商业、创新与技能部不仅通过科学院和学会资助英国最优秀的研究人员，科学院和学会也为政府的科技事务提供咨询服务，并可以积极开展游说行动影响政府的科技政策。

上述7个研究理事会、英格兰高等教育委员会是英国政府最主要的学术研究与训练经费资助单位，研究理事会的经费主要来自商业、创新与技能部政府科学办公室制定的科学预算，英格兰高等教育委员会的任务是支持大学基础设施建设和基础研究，其资助经费投入按大学研究水平排名来分配。此外，各部委也根据其职责范围内的研发计划资助其下属的执行单位，如卫生部的 NHS 创新促进研究所（NHS Institute for Innovation and Improvement）、医学科学院（Academy of Medical Sciences）等。

2. 协作决策与集中管理

协作决策与集中管理模式，是指政府在充分考虑位于科技政策执行的垂直分工链和水平分工链上的各个部门的意见基础上统一制定科技政策，而在执行科技政策时以一两个部委为主，由它们主导水平分工。欧盟各成员国中，采取这种模式的国家较多，有法国、保加利亚、丹麦、芬兰、匈牙利、立陶宛、波兰和罗马尼亚 8 个国家[①]（European Commission，2009a）。这种模式的特色在于科技政策的决策由各部委的部长共同参与，通过内阁会议为各部委提供政策建议和共同讨论的空间，但执行功能则集中在少数部委。法国（图 9-2）是这种科研系统管理模式的代表。

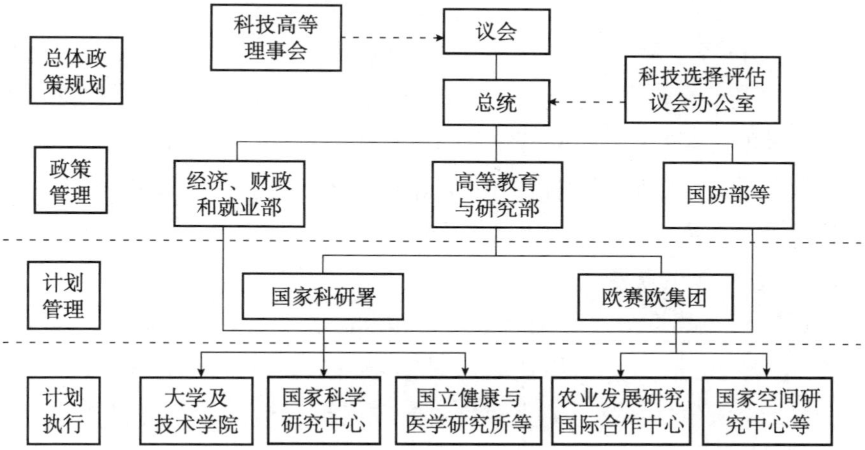

图 9-2　法国国家科研系统概览

实线表示制定和执行功能，虚线表示咨询功能

资料来源：European Commission（2009a）

法国为共和制政体，兼具议会制和总统制的特征。总统是国家元首，经过普选产生。总统是法国国家权力的中心，有权无需议会同意任命总理，并根据总理的建议任命内阁其他成员。总统担任部长会议主席，拥有主持内阁会议的权力。此外，总统有权解散国民议会或要求议会重新考虑某项法律。

1）分工形态

在垂直分工方面，法国科技政策的最终决定权在于总统主持的内阁会

① 关于这 8 国科研体系的文献来自 *ERAWATCH Country Report* 2009 中法国、保加利亚、丹麦、芬兰、匈牙利、立陶宛、波兰和罗马尼亚 8 国的详细分析。

议，总理领导的跨部门委员会发挥决策咨询和审议功能。各部部长领导的部门一级的委员会有权制定各部门相关领域的科技政策、政策评估执行方案，各部门级别的科技政策和相关条例汇总后，形成总体的科技政策，最后交由内阁会议审议。总体的科技政策出台后，相应的研究计划由各个部委转交给相关的研究管理机构执行。这种总统—总理—各部委—中间管理机构的科技决策过程属于协作型分工方式。

在水平分工方面，高等教育与研究部（Ministry of Higher Education and Research）负责协调科技政策。根据 2005 年出台的《高等教育与研究指导》（*Mission of Research and Higher Education*）规定，其他与科技发展相关的部门，如国防部（Ministry of Defense），经济、财政和就业部（Ministry of Economy，Finances and Employment），文化和交流部（Ministry of Culture and Communication），农业和渔业部（Ministry of Agriculture and Fisheries），生态能源可持续发展和海洋部（Ministry of Ecology，Energy，Sustainable Development and Sea）共同负责科研资金的分配。2009 年，法国总体的研发费用达到了 276 亿欧元，其中高等教育与研究部负责的研发资金为 246 亿欧元，其他部门分担的科研资金仅占全国研发预算的 10%（European Commission，2009b）。因此，从科技政策执行角度看，这种方式属于集中式水平分工。

2）科技政策的制定与执行

法国的科技政策协调审议与总体决策功能在内阁一级，其政策制定以总统为首的内阁层级为主。科技高等理事会（High Council for Science and Technology，HCST）是总统直接负责的政策统合机构，虽然它的定位是为国家科技政策提供咨询，但实际上其组织模式已经具有指导国家科技发展、协调审议科技决策的功能。该理事会的任务为辅助内阁及支持各部委与科技相关的科研项目，包括指导协调国家科技政策，提供内阁科技计划及提案，参与规划整体科学研究与教育发展政策，管理国际性的科技合作，以及针对科技经费分配议题提出报告与建议。高等教育与研究部掌管国家科学政策，经济、财政和就业部掌管国家技术政策，高等教育与研究部在科技发展方面的主要功能是负责提升基础研究及科技相关基础设备，业务范围涵盖人才培育、研究基础设施的构建、基础研究，并对国家研发体系进行绩效评估分析；经济、财政和就业部负责产业与技术政策，提供与企业相匹配的发展环境，业务范围为应用研究、技术开发与商业化应用。

在议会层次，由国民议会（众议院）和参议院于 1984 年联合设立的机构议会科技选择与评估办公室（Parliamentary Office for the Evaluation of Scientific and Technological Choices，OPECST)，独立评估政府拟采取或已采取的重大科技政策与措施。该办公室共有 32 名成员，其中 8 名众议员、8 名参议员和同样多的候补人员，主席由双方人员轮流担任，副主席则按交叉办法由另一方担任，任期 3 年。该办公室的设立与法国三权分立的政治体制紧密相连，体现了议会与政府之间的权力制衡。它对国家总体科技发展方向、科技政策与科技战略进行评估，为政府科技决策提供支撑（杨国梁等，2008)。

3）科技计划管理与执行

法国的科研计划和科研资金管理由两大机构负责，分管科学方面的中间机构是国家科研署（National Research Agency，ANR)。国家科研署于 2005 年成立，是一个独立自主的机构，主要目的是维持研究经费补助的持续稳定，并监督研究计划的执行。虽然法国国家科研署隶属高等教育与研究部管理，但是国家科研署的执行委员会中也包括了卫生部、工业部等其他国家部门的成员。分管技术方面的中间机构是欧赛欧集团（OSEO Group)，这一集团的原型是通过贷款等专业资助方式来支持法国中小型企业研发和创新的欧赛欧创新体（OSEO Innovation)，从 2005 年起，欧赛欧创新体先后与国家创新中心（National Agency for Innovation)、中小型企业发展银行（Bank for Development of SMEs）和工业创新中心（Agency for Industrial Innovation）合并，组成了欧赛欧集团，支持技术及产业研究与相关投资。

法国最主要的研究实施主体是 162 个高等教育机构和公共研究组织，这些机构成为法国国家科研投资的主体。在 162 个高等教育机构中，有 82 所是大学。很多研究组织根据不同的研究领域，由不同的部门来管理。科学经费预算较高的机构包括 CNRS、国立农业研究所（National Institute of Agricultural Research，INRA)、国立信息与自动化研究所（National Institute of Research in Computer Science and Control，INRIA)、国立健康与医学研究所（National Institute of Health and Medical Research，INSERM）与国立可持续发展研究所（Institute of Sustainable Development Research，IRD)；技术研发经费预算较高的有法国国家海洋开发研究所（French Institute of Research on the Utilization of the Sea，IFREMER)、农业发展研究国际合作中心（Centre of International Cooperation on Agricultural Development Research，CIRAD）与国家空间研究中心（National Centre of Space Studies，CNES)。2003 年，法国的科研经费总额达到了 120 多亿欧元，其中科研机构的研究经费明显高于大学，前者的研究经费为 70.93 亿欧元，后者为 35.2 亿欧元。科研机构中，法国国家科研中心的经费最为充足，达到了 20 亿欧元。法国科技相关研究机构还有一个特别之处：大多数研究机构的主管部委都至少有两个，其中一个必为高等教育与研究部，另一个则根据所属研究领域分归不同的部门管辖，这也体现了高等教育与研究部在法国科研系统中的重要性（表 9-1）。

表 9-1　法国科研系统的综合指标概览（2003 年）

项目	高等教育机构	所占比例/%	国家科学研究中心	所占比例/%	其他科研机构	所占比例/%	总计
科研经费/10 亿欧元	4.31	35.2	2.03	16.6	5.90	48.2	12.24
研究人员数量	49 400	65.0	11 600	15.3	15 000	19.7	76 000
全职研究人员数量	24 700	48.2	11 600	22.6	15 000	29.2	51 300

资料来源：European Commission（2009a）

3. 集中决策与集中管理

所谓集中决策与集中管理模式，是指政府在科技政策的制定和管理均只有一或两个部委负责的模式。很多欧盟成员国国土面积小、人口少，这种模式可以起到精简机构和提高效率的作用。采用这种模式的国家分别有德国、瑞典、葡萄牙等 9 国①。这类模式的科技决策的核心在于部长，后续研发计划交由研究委员会进行管理、评估和执行。负责科技决策的部委同时也掌握了较多的科技研发经费，在执行过程中较为简洁和高效。德国（图 9-3）是这类模式的典型。

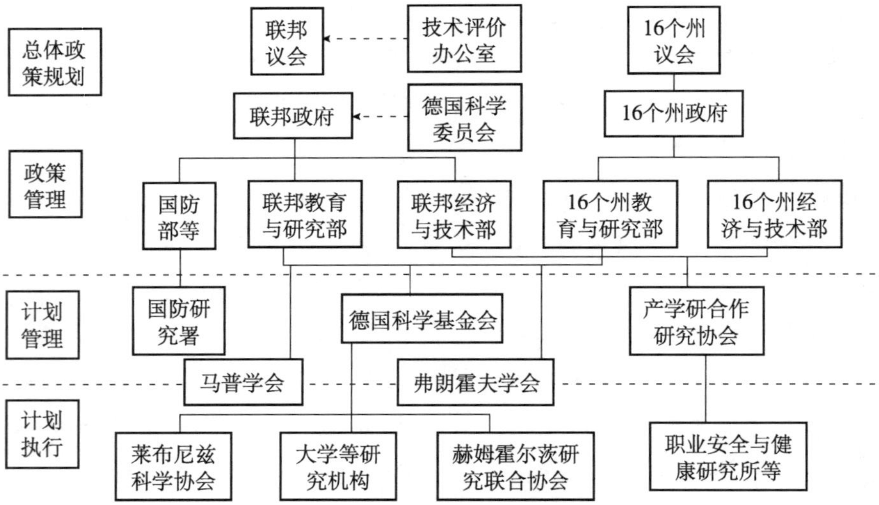

图 9-3　德国国家科研系统概览

实线表示制定和执行功能，虚线表示咨询功能

资料来源：European Commission（2009a）

① 关于这 9 国科研体系的文献来自 *ERAWATCH Country Report 2009* 中德国、塞浦路斯、爱沙尼亚、意大利、拉脱维亚、瑞典、西班牙、斯洛文尼亚、葡萄牙 9 国的详细分析。

德国是一个联邦制国家，由16个州组成。国家首脑是总统，但不具有实权。德国的最高决策机构是内阁，总理担当领导，各部部长都是内阁成员。1949年的《德意志联邦共和国基本法》规定，文化教育的立法和执行权归各州所有，但是联邦政府仍享有科技研发的决策权。这样的法律带来的影响就是各个州成为管理德国教育机构的主体，而德国的研发活动总体还是由联邦政府负责。

1）分工形态

在垂直分工方面，德国的科技决策体系中主要由总理负责监督大体的政策方针，联邦教育与研究部和联邦经济与技术部（Federal Ministry of Economics and Technology，BMWI）制定科技发展政策后提交内阁会议总体协商，并负责科技政策管理评估、研发计划规划与管理，最后由研究机构进行研发计划评估与执行，属于集中型垂直分工。

在水平分工方面，联邦教育与研究部主要负责国家层面的研发活动，联邦经济与技术部负责与研究相关的创新政策和工业政策，也属于集中型水平分工。这两个部门的业务范围涵盖人才培育、研究基础设施建设、基础研究、应用研究及技术成果转化。据2007年的数据统计，联邦教育与研究部的研发投资达到58.45亿欧元，联邦经济与技术部的研发投资为20.32亿欧元，这两个部的R&D投资占联邦政府R&D投资总额的87.1%，这两个部委与国防部一共涵盖了德国联邦政府约99.1%的总体科研经费（BMBF，2007）。

2）科技政策的制定与执行

由上述可知，联邦教育与研究部和联邦经济与技术部的研发投资占联邦政府投资总额的87.1%，德国科技与创新政策分别由这两个部门推动。联邦教育与研究部负责制定和实施科技发展政策，协调联邦政府的其他部门，以及联邦政府与各州政府的科技政策与研发活动。联邦经济与技术部的创新政策则着重针对面向企业的技术研发和商品转化。与此同时，各个州政府也同联邦政府一样设立了分管科学和技术的两个部门，州政府有权制定自己的科技政策，同时也要配合国家层面的科学活动的执行。《德国高技术战略》的出台是德国第一次把科技活动的协调上升到国家层面上，均衡联邦层面和州政府层面的研发活动和创新政策。

在政策咨询方面，1957年成立的德国科学委员会扮演了主要角色，为联邦政府、各部门及州政府的科学研究提供政策建议。技术评价办公室（Office of Technology Assessment at the German Bundestag，TAB）作为一个独立的咨询机构，负责向德国联邦议会提供研究和技术领域的政策建议。为了更好地协调联邦政府与各州政府的科技政策，提升研发政策的协调能力，科学联席会议（Joint Conference on Science，GWK）应运而生。

3）科技计划管理与执行

德国的几个大型科研机构有针对性地负责研发计划的实际运作、研发经费的分配和管理。德国科学基金会是德国最大的基金会，主要资助大学及研究机构中的科研人员，通过研究网络的建构和研究资金的分配，促进自然科学与社会科学相关研究；马克斯·普朗克科学促进学会（MPG）旨在进行自然科学、人文科学、社会科学领域的基础研究；弗朗霍夫学会（Fraunhofer Society，FhG）以应用研究为主；莱布尼茨科学协会（Leibniz Association，WGL）与赫姆霍兹研究联合协会（Helmholtz Association，HGF）都从事大规模科学仪器及基础设施的研究；联邦产学研合作研究协会（German Federation of Industrial Co-operative Research Associations，AiF）主要为中小企业在应用研究与发展上提供协助。值得一提的是，企业在德国的研究系统中占有非常重要的地位，根据 2007 年的数据统计，68％的研发支出来自企业（BMBF，2007）。

二、欧盟科研体系的基本特点

欧盟作为一个超国家层面的实体，其科研系统和各成员国有所不同。从科技政策制定的纵向环节来看，欧盟的科技决策流程中也有宏观政策制定机构、科技政策执行管理、政策咨询机构、执行计划的中间机构及计划完成机构。但是执行计划的中间机构和计划完成机构中，真正从事研究且属于欧盟的研究机构很少，最大的是欧洲原子能共同体下属的联合研究中心，欧盟的计划完成机构的工作方向主要集中在科研计划的评估和欧盟整体及各国科研数据资料的统计和分析方面。总体来看，欧盟的科研系统属于协作决策与分头管理执行管理模式。以下，本书将沿着这一进路逐一描述欧盟的科研系统。

1. 宏观科技政策制定机构

与国家层面的决策机制不同的是，欧盟的决策机制是指欧盟决策过程中各机构之间形成的协同制约关系。欧盟的决策机制由欧共体、共同外交和安全政策，以及司法与内务合作三大支柱组成，它们共同使用一套机构，在不同的支柱内实施不同的决策机制。欧共体是欧盟的第一大支柱，也是欧盟的核心，包括欧洲煤钢共同体、欧洲经济共同体和欧洲原子能共同体，成员国将一部分主权让渡给这三个共同体，通过条约授予欧盟机构在一些特定的领域拥有某些超国家的决策权。原本，欧洲煤钢共同体的主要决策机构是欧盟委员会，经济共同体和原子能共同体的主要决策机构是欧洲理事会。欧洲理事会掌握决策大权，欧盟委员会则主要行使执行职能。欧洲理事会、欧盟委员会和 1962 年成立的欧洲议会依据一定的决策程序，制定规则（regulations）、发布指令（directives）、做出决定（decisions），并提出建议（recommendations）或发表意见（opinions）[①]。

半个多世纪以来，从关税同盟到统一大市场的完成，再到经济货币联盟的建设，欧盟出台了一系列的共同政策和共同体政策，欧盟的科技政策的制定就是属于欧共体政策的一种。自“里斯本战略”以来，欧盟的科技政策制定和审议采用的是共同决定程序（codecision procedure）。共同决定程序非常复杂，包括一读、二读和三读三个流程（图 9-4）。

如图 9-4 所示，一读中，欧盟委员会制定科技政策草案后，同时提交欧洲理事会、欧洲议会及各成员国议会征询意见，征集各方意见后以特定多数决策机制达成共同立场，交送欧洲理事会和欧洲议会进行二读。

二读中，欧洲议会有三个月的时间进行审议，如果议会以简单多数[②]通过共同立场，或者未能形成任何决议，那么欧洲理事会就可以通过此立法的提案；如果欧洲议会以绝对多数拒绝了欧洲理事会的共同立场，欧洲理事会则可以召集由欧洲理事会成员与相同人数的议员代表组成的“调解委员会”会议，进一步解说其立场。但如果调解失败，议会坚持拒绝欧洲理事会的共同立场，那么欧盟委员会应在一个月内重新审议提案或者对欧洲议会的修正案提出意见，对此，欧洲理事会可以有三种选择：一是以特定多数议决接受议会的意见，修改其共同立场并通过立法提案；二是在欧盟委员会表示反对议会修改意见的情况下，以全体一致议决议会的修改意见，修改其共同立场并通过立法提案；三是拒绝议会的修改意见，开始进入三读。

三读中，欧洲理事会轮值主席与议会议长应协议召集前面提及的“调解委员会”会议，在欧盟委员会负责研究的委员（Director-General，DG）参

---

① 一般来说，规则具有普遍意义，它的各个组成部分都具有约束力并直接适用于所有成员国；指令所要求达到的目标对所指成员国具有约束力，但是成员国可以自行选择执行的形式和方法；决定的各个组成部分对其接受对象都具有约束力；建议和意见不具有约束力。

② 简单多数，要求到会人数的一半通过即可。

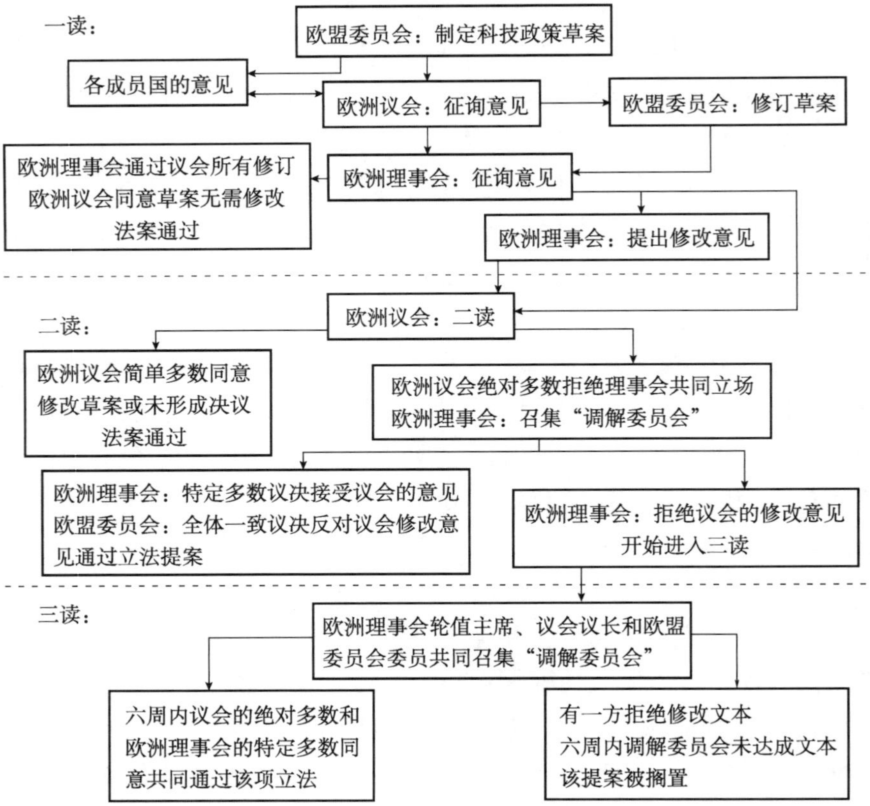

图 9-4　共同决定程序流程图

资料来源：European Commission（2011）

与下，共同修改该立法提案：如果调解委员会在六个星期内取得谅解，并以欧洲理事会成员的特定多数和议会代表的简单多数达成了该提案的共同修改文本，则在之后的六个星期内，可以以议会的绝对多数和欧洲理事会的特定多数共同通过该项立法；但如果有一方拒绝了修改文本，则该提案应认为已被搁置；如果在此六个星期内“调解委员会”未能达成修改文本，则该提案应认为已被搁置。

共同决定程序的建立标志着欧洲议会在立法权上迈出了重要一步。以前，欧洲议会主要扮演咨询的角色。现在，虽然欧洲议会所拥有的只是参与立法权，而非国家议会意义上的立法权，但是共同决定程序的实施，使欧洲议会可以否决立法提案，也可以在“调解委员会”内参与提案修改，与以前相比已经有了很大的进步。共同决定程序中，各成员国的议会等多个机构的代表集中在欧洲理事会和欧洲议会共同参与决定，所以欧盟科研系统的制定程序呈现出协作型模式。

2. 科技政策的管理

欧盟设立了不同的委员来负责政治、经济和科学事务。目前，这些委员中与科学有关的有负责科学、研究和发展事务的 DG XII，负责教育、文化的 DG XIII，负责信息社会的 DG XXII，负责工业事务的 DG III，负责就业和社会事务的 DG V 和负责能源、交通的 DG IX，其中最为重要的是负责科学、研究和发展事务的 DG XII。由于欧盟的框架计划涉及信息、能源、工业等各个领域，所以框架计划中具体研究计划的执行都由 DG XII 与其他相对应的委员配合来完成。例如，ESPRIT 就是由 DG XII 与 DG III 共同负责的。

与此同时，欧盟框架计划为各成员国研究人员提供了研究资源，但是计划中的项目均要求有来自各成员国或产业的配套资金和相关执行措施，因此，各成员国负责科技发展的部门也承担着执行欧盟科技政策和履行研发活动的义务（王元和金炬，2003）。1984 年，英国自然环境研究理事会在布鲁塞尔设立了一个办公室便于和欧共体交流，从此以后，各国的科研管理部门纷纷仿效英国，都在布鲁塞尔建立办事处。后来，办事处的官员也成立了代表各个国家科学管理机构的联盟，如欧盟负责人会议联盟（Confederation of EU Rectors' Conferences）、联络办公室非正式团体（Informal Group of Liaison Offices，IGLO）等，这些联盟是欧盟和各成员国科学研究交流沟通的主要渠道，不仅有助于欧盟科学政策在各国的执行，而且可以将各国科学机构的政策建议反映给欧盟。

3. 科技政策咨询机构

对于把协调作为欧盟科技政策的主要定位而言，咨询机构就在欧盟的科研系统中具有非常重要的作用。有三类团体承担了决策咨询的工作：第一类是由外部专家组成的欧盟官方咨询机构；第二类是负责欧盟科技立法和执行的各机构中内部的咨询小组；第三类是各成员国的研究组织为了其利益自发组织起来的独立的咨询团体。

欧盟官方咨询机构纷繁复杂，发挥的作用也不尽相同。欧洲议会、欧洲理事会及欧盟委员会中主要负责研发咨询的机构分别是科技评估单位（Scientific Technology Options Assessment，STOA）、欧洲研究基础设施战略论坛（European Strategy Forum on Research Infrastructures，ESFRI）和科技研究委员会，但除此之外，这三大机构下属还有很多扮演咨询角色的组织。以欧盟委员会为例，涉及科技咨询业务的组织就有欧洲科技发展委员会

(Committee for the European Development in Science and Technology, CODEST) 和工业研发咨询委员会 (Industrial R and D Advisory Committee, IRDAC)。科技研究委员会是欧洲各个成员国科技代表的集合，任何欧洲层面的科学政策的构建和实施都要经过科技研究委员会的商讨。欧洲科技发展委员会和工业研发咨询委员会分别是各国的科学和技术代表的组合。但事实上，科技研究委员会在欧洲科技政策制定过程中发挥了巨大的作用，而欧洲科技发展委员会和工业研发咨询委员会的作用相对较小，它们的设立对欧盟委员会的工作也只能提供有限的帮助。

欧盟科技立法和执行机构中内部的咨询小组有两个，研究与能源委员会 (Committee on Industry, Research and Energy, ITRE) 和竞争力委员会 (Competitiveness Council) 分别对欧洲议会和欧洲理事会的日常科技事务工作做协调和审议，这两个小组与英国众议院和下议院中设立的科技议会办公室和科技特别委员会类似，监督与科技相关的政策实施、审议优先发展领域的选择等。

独立的咨询团体代表了不同的利益方：代表欧洲整体但并不是欧盟下属的跨国组织，如欧盟研究组织首脑理事会 (European Union Research Organization-Heads of Research Councils, EUROHORC)①，这一类组织的主要目标是促进欧洲科学联合，站在欧洲层面上与各个国家科学进行对话；代表各个国家科学机构、科学家的组织，如欧洲学术团体 (Academia European)、全欧学术学会 (All European Academies, ALLEA)、欧洲合同研究组织 (EACRO)，这些组织是各国科学家及各国的大学、研究机构的联合体，反映科学家成员的想法和意见；代表各国工业、企业的组织，如欧洲信息技术工业圆桌会议 (European Information Technology Industry Round Table, EITIRT)；这类组织的目标是科研机构和企业的联合、科技成果的转化。

4. 执行计划的中间机构及计划完成机构

框架计划是欧盟科研活动的主体，最近两年来，框架计划的实施和管理产生了很大变化，计划的执行逐步从负责研发及相关事务的委员身上过渡到了单独的执行机构，两个最重要的执行机构分别是欧洲研究理事会和研究执行委员会 (Research Executive Agency, REA)。这两个机构除负责 FP7 的研究项目草案的征集、选择、经费下拨及执行监督外，更加注重基础研究的

① 欧盟研究组织首脑理事会其实是欧洲科学基金会的补充，至今欧洲研究组织首脑理事会还是一个非正式组织，没有固定的公开出版物、固定的办公地点，一年开两次会议，与欧洲科学基金会联系紧密。

发展，这成为欧盟科技政策的一个新变化。

科研评估从 20 世纪 80 年代早期以来就成为欧洲层面上一个非常重要的工具，为科研政策的执行及未来科技政策的制定提供决策参考。框架计划最早开始设立评估机构，直到 20 世纪 90 年代中期，欧盟开始设立五年评估和每年检测制度（annual monitoring process）。五年评估制度对框架计划的制订和执行贡献很大，这一计划每 4 年执行一次，这种制度既可以对现在进行评估，而且也能对未来提供参考。评估主要采取调查问卷的方式，并成立一个外部专家团在同行评议的基础上搜集资料，宏观把握，形成最终的评估报告（图 9-5）。

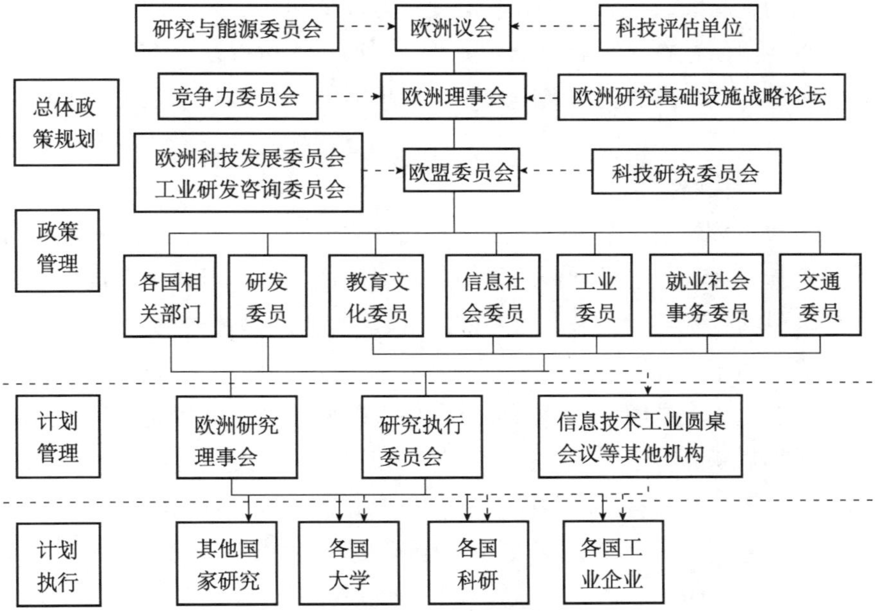

图 9-5　欧盟科研系统概览

资料来源：European Commission（2009c）

三、欧盟科研系统对欧盟各成员国的影响

对于相对比较老的成员国而言，除了爱尔兰和希腊以外，框架计划资金与他们本国的研发资金相比微不足道，所以对国家的影响也较小。框架计划对于发达的成员国而言，发挥的作用主要体现在三个方面。首先，框架计划促进了本国科学家的国际交流。新知识的产生和持续使用多来自不同文化和不同思想的碰撞和交流，框架计划的实施增加了发达成员国的科学家国际交流的机会。根据英国、荷兰的报道（European Commission，2009b），这种

国际交流多体现在公共科研机构及大学中，偏重于基础研究，而应用型研究及企业之间的交流合作则比较少。当然，造成这种局面的部分原因是框架计划在技术研发方面定位是注重前竞争性研究。其次，由于框架计划资金占整个国家研发资金的比例较小，所以对本国科技政策的影响也相对有限。以德国为例，即使德国每年从FP6分配到的资金高达950万欧元，位居所有成员国首位（European Commission，2009a），但根据德国的资料显示，框架计划指定的优先发展战略和领域对于德国本国的科技政策制定并无多大参考价值，瑞典认为框架计划对于本国的影响具体体现在研究团队方面，而不是科技战略的制定层面。最后，造成相对发达的成员国对框架计划的热情有限的另一个重要原因也在于科研项目管理烦琐，FP5的执行评价不高的主要原因就在于科学和技术的横向协调薄弱、申请项目的评审程序复杂烦琐、项目数量过多且重点不突出、财务审查制度过于严格死板，以及申请项目的评审程序复杂烦琐、耗时太长等。

对于大多数的新成员国，以及希腊和爱尔兰而言，本国科技政策的制定和科研管理很大程度上受欧盟的影响。欧盟新成员国并不是科学技术的原发国，作为科学技术后发国家，最重要的就是要克服本国传统文化与外来的科学文化之间的矛盾和冲突，成功地在本国移植先进的科学传统和学术纲领。首先，同发达的成员国一样，新成员国加入框架计划能够构建国际化的科学网络，获得最新的科学知识，这意味着打开了与科技发达国家之间学术交流的通道，对于东欧的科技落后国家来说，无疑是非常宝贵的财富。其次，本国科技政策的制定，尤其是优先发展领域及发展方向，基本与欧盟保持一致。例如，在立陶宛，该国以前几乎不做科技政策方面的研究，没有国家层面的科技战略研究中心，而加入欧盟后，欧盟为立陶宛提供了很多信息和资源，立陶宛的科技规划离不开框架计划的支持（European Commission，2009a）；框架计划对新成员国及爱尔兰和希腊的影响也体现在科研资金的投入和科研机构的建立上。如前所述，框架计划并不是欧盟覆盖所有的科研资金，而是要求参与国要有相应的资金配比，这也就从制度上要求落后的成员国为科技发展投入更多的资金，设立专门的机构。在1998年之前，框架计划一直是爱尔兰大学研究人员主要的资助来源，成为最具有竞争力的科研资金，FP6向爱尔兰提供了19 900万欧元；在希腊，框架计划的科研资金要占到本国科研资金的10%，FP6对希腊的投资为41 900万欧元；罗马尼亚还设立了专门的计划，保证FP7在本国的科研活动顺利开展；斯洛伐克通过框架计划与结构资金的帮扶成立了很多优秀的科研机构，更新了很多科研设备。但是，欧盟也意识到，仅仅提供资金、更新科研设备等硬件环境是不够的，新老成员国之间科研实力差距缩小的关键还是在于构建科学传统、更新科研理念等软环境建设，只有一流的学术传统扎根于新成员国，这些欠发达地区的科研实力才能真正强大。

四、本章小结

根据科技政策的管理及执行科技政策的操作平台的角度来分析，可以把欧盟 28 个成员国的科研体系分为几种不同的类型，不同国家的科研体系的形成都与本国的国内外政治、经济、军事和文化因素息息相关。但总体而言，我们可以看出各国科研系统的制定平台都趋向一元体系下的协作发展模式。在科学国家化和超国家化发展的背景下，科技决策系统及科技政策执行活动已经与产业经济、科技实力、政治及社会发展紧密相连。科技与产业经济都具有快速变化、高风险的特性，这种特性对传统的科技与工业分离的科研体系带来了冲击。这就意味着研发政策不再是一个部门的职责，而是要把它放在更广泛的背景之中，由各部门首脑组成的委员会统管国家总体的研发活动，再由各部门多元管理和执行。近来，所有的成员国都已经把科学政策和创新政策合并在一起制定，甚至有的国家将科研政策与教育、工业和财政政策联系起来，形成复杂但更加综合的小型政策联合体（mini-mixes）。这样的政策联合体集合政府各个部门的力量，为了实现某一个具体的研发目标而组合在一起，具有灵活、迅速、时间短、效率高的特点，这样才能最终达到积累国家科技实力、促进工业发展、稳定社会的目的。

欧盟作为一个超国家实体，目前已经形成了独立的科技决策机制和科研运作系统。整体来看，这一超国家系统的特点是协作决策、分头管理执行的模式。受欧盟政治经济一体化的影响，欧盟的科技决策虽然属于欧盟三大决策支柱中最重要的欧共体决策范围，但也只能发布科技指令，各成员国是否执行、如何执行完全取决于国家层面的决策意愿。因此，与国家科研系统不同的是，超国家层面中科技咨询机构发挥的作用最大。欧盟没有权利要求各成员国强制执行它所颁布的指令，所以无论是在指令制定过程中还是指令执行过程中，都要充分听取成员国政府、大学和科研机构、科学家、工业企业及各种独立团体的意见，这种由欧盟开创的公开协调模式也就要求设立相应的科技咨询机构作为各种层面的利益相关者沟通的桥梁。

框架计划作为欧盟科学技术执行的主要方式和措施，分析它对欧盟各成员国的影响也非常必要。可以说，框架计划对原有的经济发达成员国的科研资金还是优先发展领域的决策制定过程影响较小，有时这种交流甚至是反方向的，所以欧盟科学技术发挥的作用主要体现在科学联合体及个体科学家的发展层面上；而框架计划对于新成员国科研系统的作用不容估量，新成员国科技决策和执行的整个流程中都有欧盟层面的影响深入其中。但是，要想带动落后的新成员国的科技发展，科研资金的投入和科研机构的建立是远远不够的，如何使西方科学的学术精神和研究纲领成功地移植到新成员国中，是一项艰巨的任务。

第十章

被动的接受者还是积极的行动者？

——英国在欧盟科技一体化中的角色

经历了半个多世纪的风雨洗礼，欧盟成为目前世界上制度化程度最高的地区一体化组织，目前拥有 28 个成员国。欧洲一体化进程的快速发展引发了人们对于这一进程中各成员国与欧盟所扮演的角色及相互影响的关注，欧盟环境、交通、经济等各项主要政策与成员国的关系已经成为欧洲一体化研究中的热点议题。而欧盟科技研发政策起步较晚，与共同农业政策和地区政策相比，科技研发政策的预算较小，鲜有学者研究在这一政策里欧盟与成员国政府之间的相互作用。21 世纪以来，指引欧盟未来发展的“里斯本战略”和“欧洲 2020 战略”均把研发投入作为衡量两个战略得以实现的重要指标，把创新能力的提高作为欧盟经济发展的出口。鉴于此，我们有必要重视各成员国政府和欧盟在科技政策制定过程中的交流和互动。在本章中，笔者以英国为例，试图说明英国在欧盟科技一体化进程中所扮演的角色，以及欧盟和国家两个层面之间的协调与冲突。

一、相关的欧洲一体化理论研究

舆论对欧洲一体化进程的具体经验事实关注颇多，然而，对这些事实的研究如同盲人摸象一般，每一个摸到大象的人都以为他们接触到的部分就是大象的真正样子，但实际上他们摸到的不过是大象的腿或者鼻子而已。过分关注有代表性的经验事实都只能为我们提供一种表面的理解，却忽视了这个表层之下所涵盖的对一体化和欧盟的特殊理解和概念化过程，因此，分析欧洲一体化进程必然需要从经验层面上升到理论层面。在第一章中笔者就已经就欧洲一体化进程的理论进行了简单介绍，在本章中有必要对与欧盟科学技术相关的一体化理论做更为详细的解释。

欧洲一体化进程开始时，研究国际关系的学者占据了主导地位，新功能主义（neo-functionalism）和政府间主义（intergovernmentalism）是当时的欧洲一体化理论研究的主要流派。

新功能主义理论的特点是从功能角度界定行为体，研究行为体的社会、经济和政治等多方面效应。欧内斯特·哈斯（Ernst Haas）是最具影响力的新功能主义一体化理论家，他将一体化界定为一个进程："在这个进程中，许多不同国家背景的政治行为体被劝说将其效忠、期望和政治活动转移到一个新的中心，由这个新的权力中心来行使或拥有对原民族国家的管辖权。"（Haas，1958）因此，新功能主义者的核心理念是"外溢"（spill over）效应，他们认为欧洲一体化首先产生于经济领域，由于"外溢"效应的存在，经济领域的合作拓展到了政治领域，并最终在政治上达成更紧密的超国家制度。欧洲一体化在起步之初也正如新功能主义者所言，从最初的能源领域的合作逐步扩展到税收、汇率等。

20 世纪 60 年代中期，法国总统戴高乐为了维护法国的国家利益，强调建设民族国家的欧洲，坚决反对欧共体向超国家的方向发展。从 1965 年下半年起，法国实行了"空椅子政策"，拒绝出席欧共体的所有会议。这一行为直接导致欧共体的超国家性趋势受到抑制，政府间合作的性质得以加强。欧共体这种新的政治转向促使以斯坦利·霍夫曼（Stanley Hoffmann）为代表的学者挑战新功能主义对欧共体的超国家性质的判断，采用国家为中心的学说来解释欧洲一体化进程，这导致政府间主义学派的产生。对霍夫曼而言，民族国家的政府远未过时，反而更加"顽固"了。在欧洲一体化进程中，成员国政府而非超国家组织起到了关键性作用，一体化并没有削弱成员国政府的主权。尽管欧共体成员国在农业、贸易等低层次政治领域中愿意合作，但它们却紧紧抓住具有重要意义的高层次政治主权——外交政策、国家安全和军事。因此，新功能主义所倡导的超国家联盟很快达到其限度，无法使欧洲超越民族国家的状态。他认为，类似欧共体这样的地区政治对民族国家政府来说不如“纯粹地方性或纯粹全球性”的关注重要。在全球性国际体系内，地区性的子系统具有一种仅仅是被削减的自主权（Hoffmann，1966）。

20世纪70～80年代，石油危机导致欧共体一体化进程进入停滞期，新功能主义的“外溢”效应无踪可寻。威廉·华莱士（William Wallace）、海伦·华莱士（Helen Wallace）、西蒙·巴尔默（Simon Bulmer）等学者试图通过对欧共体的决策进行个案分析，以此对成员国的国内政治和欧共体决策之间的联系进行更好的实证解释，华莱士等据此主编的《欧洲共同体的决策》成为该领域研究的一部经典著作（Wallace et al.，1977）。

20世纪90年代以来，政府间主义思想也获得了新的发展，产生了以安德鲁·莫拉维克斯克（Andrew Moravcsik）为代表的自由的政府间主义（liberal intergovernmentalist）。与政府间主义的学者一样，莫拉维克斯克依旧坚持成员国政府的重要性，欧共体委员会，甚至委员会主席的作用与法、德、英三个欧洲大国政府的作用相比是次要的，成员国之间为了自己的国家主权和利益而进行的讨价还价才是关键性因素（Moravcsik，1991）。与此同时，莫拉维克斯克把探讨国家偏好形成的自由主义理论和对成员国政府之间讨价还价的关系进行了全新的综合，以解释欧洲一体化过程中进行的政府间讨价还价的性质和欧盟的发展演变。在具体阐述其理论主张时，莫拉维克斯克的自由政府间主义主要包括了三个核心因素：一是关于理性国家的设定，这意味着各成员国将会采用最合理的方式来实现其目标，成本和收益是成员国考虑的首要因素；二是国内政治因素决定了国家偏好的形成，这是国家之间战略互动的前提，国家偏好决定了成员国的对外政策，是欧洲一体化进程的逻辑起点；三是对国家之间谈判的政府间主义分析，欧洲一体化不是自动成长的过程，而是成员国政府理性选择和相互交易的结果（Moravcsik，1993）。

随着《单一欧洲法令》和《马斯特里赫特条约》的出台，欧洲一体化进程进入快车道，新功能主义重新焕发活力，历史制度主义是新功能主义的新形式。历史制度主义的核心理念是“路径依赖”。简单地说，“路径依赖”是指时间顺序中的原因与前一阶段的事件密切相关。最具影响力的“路径依赖”的定义是由玛格丽特·列维（Margaret Levi）提出的，她认为一旦一个国家或地区沿着一条道路发展的话，那么扭转的成本将是非常昂贵的。当然也存在另一种选择，但是特定制度安排所筑起的壁垒将阻碍初始选择中非常容易的转换（皮尔森，2007）。他强调应把欧洲一体化进程视为一个随事件展开的进程，四个因素限制了成员国对一体化方向的控制：制度的不完全自主性、政治领导人受限制的时间范围、非预期结果和成员国政策偏好的变化(Pierson，1996)。成员国控制权的丢失不仅缘于超国家机构的自主行动，而且也归咎于成员国专注于短期关注、非预料结果的普遍存在和成员国政策偏好的不稳定性。历史制度主义主张超国家机构的成立都有特定的历史背景，如欧洲经济合作组织的产生背景是战后重建和两极格局。因此，欧洲一体化进程都是受不同年代的特定背景所确定的，欧盟的制度架构也建立在特定的动机和偏好基础之上。皮尔森的观点修正了政府间主义过于偏重成员国政府作用的倾向，从而奠定了历史制度主义在欧洲一体化研究中的学术地位。

总之，欧洲一体化是一个复杂的、多层次并不断变化的进程，对上述一体化理论的理解使我们对欧洲一体化问题获得了宏观的把握，我们不能因为偏向哪一方就否认另一方理论的价值，连激烈排斥自由的政府间主义的学者丹尼尔·温考特（Winscott，1995）也不得不承认该学说作为一种成熟方法论的价值。他说，在对社会现象提供一种理论分析的任何尝试中，偏见都是不可避免的。一种完全没有偏见的解释只是对欧洲一体化的一种描述而不是一种解释。事实上，这些理论并非相互排斥，欧洲一体化的研究专家布伦特·尼尔森（Brent Nelson）在谈到欧洲一体化理论争论时曾指出，“如果不把超国家主义与政府间主义视作相竞争的模式，而是视为不同的分析层次，那么超国家主义者和政府间主义者的方法完全可以整合在一起，从而为欧洲一体化的动力提供一个更加全面的图景”（Nelson，1994）。

二、英国参与欧盟研发领域的现状

上述分析可以了解，从20世纪80年代中期起研究者们开始涉足国家层面和欧盟层面相互关系的个案分析，如今对两个层面的研究已经成为热门话题。但令人遗憾的是，研究者们大多只关注农业政策、环境政策、社会经济政策等热门议题，而对欧盟和国家层面的研发政策的相互关系只是作为补充略微提及后一笔带过。但我们相信，这一趋势在不久的将来会得到改变。继“里斯本战略”把欧盟的发展目标设定为建成全球最具竞争力的知识经济体之后，欧盟明确把创新作为“里斯本战略”实施的重要途径，这一探索势必导致欧盟的研发政策在未来迅速获得更多的重视。在这一背景下，学者们对于研发领域的欧盟层面和国家层面的政策研究也显得非常必要。本章，笔者选取英国作案例研究，首先了解英国参与欧盟研发活动的基本情况，进而判断英国在欧盟研发活动中所扮演的角色。

1. 英国参与历年框架计划的表现

目前，欧盟层面资助研发活动的主体是欧盟框架计划。最近刚刚结束的FP7的资金预算是505亿欧元，资助多达1万个研究项目，持续时间为7年。实际执行过程中，FP7每年对科研的资助金额几乎是FP6的2倍，这标志着欧盟正努力付诸实际行动来实现“里斯本战略”设定的目标，建立以创新为特色的知识型经济的重要平台。FP7的巨额财政预算也足以引起欧盟各成员国的重视。随着时间的推移，欧盟层面的研发政策和资金使其对成员国的影响力越来越大。

表10-1列出了历年来框架计划的投资总额及对英国的资金投入状况。数据显示，从FP5到FP7约10年的时间里，英国共得到了57.6亿欧元的资助，同期框架计划的资金总额为387亿欧元。2009年，英国政府对于研发的投入接近60亿欧元，而框架计划每年对英国的投入约为5亿欧元，占英国政府研发投入的10%，相当于英国一个中等研究理事会一年发放的研究资金。1998～2009年，英国获得的资助占框架计划总资助额的14.9%，该国在FP6中的表现明显逊色于FP5。截至数据统计日时，FP7还未结束，所以只能根据已经掌握的资料进行大致的估算，这个估算值应该介于FP5和FP6的数据之间。与法国和德国其他两个欧盟大国相比，英国从FP6起得到的资金总额开始低于德国高于法国，位居第二。但是从FP7的实际情况来看，英国和德国获得资金总额之间的差距正在缩小。

表10-1　英国从FP5、FP6和FP7获得的研发资金统计

研发资金	FP5	FP6	FP7（截至2009年11月）	合计
框架计划支出总额/百万欧元	12 854	16 669 / 30%↑	9 216 / 45%↓	38 739
英国获得资助金额/百万欧元	2 047	2 370 /16%↑	1 348 / 43%↓	5 765
英国获得资助的比例/%	15.9	14.2	14.6	14.9

资料来源：Simmonds等（2010）

表10-2列出了英国研究人员参与框架计划的人数及变化趋势。从1998年到2009年，英国共有23 376名研究人员参加了框架计划，占欧盟框架计划总人数的12.6%。从变化趋势来看，英国的表现非常不稳定，FP6的参与人员比FP5下降了20%，而FP7进行到2009年年底时，参与人员更是陡然下降了80%。但这并不代表英国参与框架计划的人员比例降低，根本原因在于框架计划本身的结构发生了重大变化，FP6从以往的资助小型项目改为偏好大型项目。FP7项目参与人员的减少是因为欧盟新成员的加入导致各成员国参与人员的绝对数量锐减。英国参与框架计划的人员数量在欧盟各成员国

的排名与研发资金的排名相同，FP5 时英国还位居榜首，但 FP6 开始被德国赶超，虽然 FP7 时两个国家的差距也在缩小。

表 10-2　英国参与 FP5、FP6 和 FP7 的人员数统计

参与人数	FP5	FP6	FP7（截至 2009 年 11 月）	合计
参与人员数量/人	80 068	74 400/7%↓	30 518/59%↓	184 986
英国参与人员数/人	10 905	8 792/19%↓	3 679/58%↓	23 376
英国参与人员数的比例/%	13.6	11.8	12.1	12.6

资料来源：Simmonds 等（2010）

1998～2009 年，英国参与框架计划项目的总数达到了 20 652 个，这意味着欧盟所有的项目中约有一半（44%）的项目有英国科学家的身影。如表 10-3 所示，英国研究者参与的框架计划项目总数在大幅下降，这个趋势同样可以用上述原因作为解释。英国参与 4 个框架计划的表现有起有伏，FP4 的比例达到了顶峰（47%），而 FP5 突然跌到了谷底（40%），后面的两个框架计划则有所恢复，分别为 45%和 43%。但是，无论是波峰还是波谷，英国参与框架计划的项目的比例一直位居欧盟各成员国首位，突出了英国的强势地位。

表 10-3　英国参与 FP4、FP5、FP6 和 FP7 的项目数统计

参与项目	FP4	FP5	FP6	FP7（截至 2009 年 11 月）	合计
项目数量/个	15 457	16 251/5%↑	10 058/38%↓	5 105/49%↓	46 871
英国参与项目数/个	7 276	6 613/9%↓	4 559/31%↓	2 204/52%↓	20 652
英国参与的比例/%	47.1	40.7	45.3	43.2	44.1

资料来源：Simmonds 等（2010）

总体来说，无论是研发资金、研究人员的数量，还是研究项目总数，英国不愧为欧盟三大成员国之一，其在研发领域的表现只有德国可以与之相抗衡。同时，我们也能看出，从时间的角度衡量英国在框架计划的表现比较困难，其中的情况也很复杂。毕竟，就框架计划而言，每个计划的预算、所包含的项目、计划持续的时间，以及所涉及的地理范围均是不同的。以 FP7 为例，其持续时间从以往的 5 年改为了 7 年，预算资金约为 505 亿欧元，与 FP6 相比每年的投入翻了一倍，从每年 36 亿欧元上升到了 72 亿欧元，这一数字更是 FP4 的 3 倍。FP7 地理范围的扩张更是戏剧性的，参与 FP7 的成员国从 15 个增加到了 28 个，更不用提世界其他非欧盟成员国的研究人员也参与其中。因此，仅从时间轴展现英国参与框架计划的表现是不够的。当然，即便在框架计划不断变化的前提下，我们从以上数据依旧可以看出英国参与框架计划的表现相对稳定，这一点值得称道。

2. 英国参与框架计划优先发展领域的情况表现

英国作为欧盟大国，在框架计划的不同优先发展领域中的表现各不相同，我们分别以 FP6 和 FP7 为例来分析英国的参与状态。FP6 由集中和集成共同体研究、构建欧洲研究区和原子核研究（也就是 Euratom 项目）三类活动组成，具体分为 17 个领域。其中集中和集成共同体研究是框架计划的主要部分，所投入的资金份额达到了三分之二，本书主要关注这类活动。集中和集成共同体研究中主要有 7 个优先发展领域，表 10-4 列出了英国参与 7 个优先发展领域的概况。

表 10-4　英国参与 FP6 的优先发展领域的情况

优先发展领域	项目数/项目数所占比重及趋势	参与人数/参与人数所占比重及趋势	资金数（百万欧元）/资金数所占比重及趋势
生命科学、基因组学和生物技术	388 / 65%↑	916 / 13.4%↑	377.62 / 16.3%↑
信息社会技术	667 / 61%↑	1 500 / 10.5%↓	445.35 / 11.7%↓
纳米技术和纳米科学	269 / 60%↑	603 / 10.3%↓	175.60 / 11.4%↓
航空与航天	166 / 69%↑	424 / 12.1%↔	150.04 / 14.0%↔
食品质量与安全	121 / 65%↑	369 / 11.5%↔	117.52 / 15.6%↑
可持续发展	387 / 58%↑	998 / 9.5%↓	241.54 / 10.5%↓
公民和治理	115 / 79%↑	246 / 12.6%↔	35.03 / 14.4%↔

资料来源：Simmonds 等（2010）

英国作为欧盟科研强国，科研结构完整，涉足科研领域全面，英国政府的相关部门（商业、创新和技能部）、研究理事会和私立研究理事会对欧盟设定的 7 个优先发展领域都给予了大量资金帮助和扶植，但这 7 个领域与欧盟之间的联系却存在明显差异。其中，在生命科学、基因组学和生物技术，信息社会技术和可持续发展 3 个领域，英国获得的欧盟资助最多，每个领域英国参与的项目数额都超过了 380 个，参与人员超过了 900 人，资金支持超过了 2.4 亿欧元。从表 10-4 中可以看出，英国对不同的领域的参与程度明显不均衡，信息社会技术领域的参与人数达到了 1500 人，而在公民和治理领域却只有 100 多人，其中的主要原因还是 FP6 的结构问题，并不是英国自身的原因。

把英国参与框架计划的比例与欧盟各成员国的平均值做比较后，会发现有的领域英国的参与程度高于平均值，有的领域却不尽如人意。从参与的项目数量来看，英国在所有的领域的表现都很好，均高于平均水平，这表明英国的各个研究领域均全面融入框架计划中。但在参与人员和资金的比例方面却看到了不同的景象，生命科学、基因组学和生物技术领域在这两方面依旧强劲，食品质量与安全领域的资金数也有明显上涨。但是，信息社会技术、纳米技术和纳米科学、可持续发展 3 个领域在参与人员方面的表现非常差，均低于欧盟各成员国平均值。

下面我们把焦点转向 FP7，FP7 由 5 个具体计划组成，分为 22 个主题。从绝对数量来看，截至 2009 年 11 月，英国在健康、信息和通信技术领域的表现不俗，英国参与的项目均超过了 230 个，约 470 名研究人员获得了 2.8 亿欧元的资助。FP7 的 22 个领域中约有 16 个领域英国的表现高于欧盟平均水平，社会经济科学和人文学科，健康，环境，食品、农业和生物技术这 4 个领域英国的参与程度达到了 70%以上。下面我们重点关注 5 个子计划中最重要的“合作”计划中英国的参与情况（表 10-5）。

表 10-5　英国参与 FP7 的优先发展领域的情况

优先发展领域	项目数/项目数所占比重及趋势	参与人数/参与人数所占比重及趋势	资金数（百万欧元）/资金数所占比重及趋势
能源	54 / 51%↑	107 / 10%↓	28.5 / 9%↓
环境（含气候变化）	97 / 70%↑	213 / 12%↔	52.1 / 13%↓
食品、农业和生物技术	86 / 70%↑	157 / 10%↓	51.6 / 13%↓
健康	238 / 73%↑	474 / 14%↑	208.1 / 17%↑
信息和通信技术	348 / 59%↑	582 / 10%↓	239.5 / 12%↓
纳米科学、纳米技术、材料与新制造技术	120/ 63%↑	249 / 10%↓	76.3 / 10%↓
运输（包括航空学）	117/ 64%↑	250 / 10%↓	82.3 / 12%↓
社会经济科学和人文学科	80 / 80%↑	119 / 14%↑	25.6 / 19%↑
安全与空间	39 / 58%↑	88 / 9%↑	33.9 / 9.5%↑

资料来源：Simmonds 等（2010）

英国在 FP7 中的表现更加极端，如表 10-5 所示，健康、社会经济科学和人文学科、安全与空间 3 个领域在参与人员和资金方面的表现都很好，而能源，食品、农业和生物技术，信息和通信技术，运输，纳米科学、纳米技术、材料与新制造技术的表现都不及欧盟的平均水平。虽然近年的框架计划已经在逐步削弱信息和通信技术，纳米科学、纳米技术、材料与新制造技术研究的投入力度，但这两个领域是欧盟研发活动的传统强势领域，英国的表现却一直都不尽如人意。同 FP6 一样，英国依旧擅长人才培训和人员流动，玛丽居里计划的项目数量达到了 586 人，参与人数达到了 687 人，资金数额达到了 1.5 亿欧元。此外，英国也积极参与了欧洲研究理事会的成立和运作，欧洲研究理事会、健康、玛丽居里计划和研究基础设施建设 4 个领域的资金占到了 FP7 分配给英国的总投资的 50%以上。

近年来，英国参与框架计划的项目数均呈上升趋势，但各个优先领域中参与人数和投入资金的表现差异很大。可以看出，前者不能体现出英国参与框架计划的力度，后两者更能全面地反映英国参加欧盟研发活动的状态。这是因为在某些特定的领域，项目总数更容易受到一些具体项目规则要求的影响。例如，欧盟研究理事会和玛丽居里行动相比于其他需要深入合作的优先发展领域里的项目具有更简单的形式和结构，这意味着优先发展领域占据了所有成员国的大部分的项目数额，而玛丽居里计划的结构限制使得任何成员国都不可能在这个项目中占有很大的项目数额，但这并不代表该计划所占的资金数额和参与人员数量有限制。英国恰恰在优先发展领域之外的人力资源和人才流动领域的表现得尤其突出，玛丽居里计划的项目数、资金数和参与人员都遥遥领先，远超欧盟平均水平。框架计划的人力资源和人才流动领域主要是为了加强欧盟科研人员的流动性和培训设置的，这一目标是欧盟研发政策的重要目标，在框架计划中所占的分量非常大。而英国早在参与框架计划时就立志借此促进英国人才培训和人才流动的现状，这一意愿在框架计划执行过程中得以实现。英国在这一领域的表现足以影响其在欧盟研发活动的总体地位，经统计，在同一领域同一个项目中，英国科研人员占有了更多的资源，获得的资金数额要比其他成员国同行多15%。

由此可见，英国自身科研实力强大，与欧盟的研发活动的联系也非常紧密。虽然英国并不是欧盟创始国，与欧盟的关系也一直处于相对尴尬的地位，但这不妨碍英国在研发领域与欧盟的互动。事实上，英国的各个机构对于框架计划都非常热情，不仅仅是因为国内对于研发合作的资源非常稀缺。根据英国的分配制度，用于框架计划的资金从政府的哪个部门出最后还是会回流到该部门（Caloghirou et al.，2004）。这样做的目的是要让每个部门都把框架计划当做是自己部门的一部分，理论上，这样能最好地做到国家和欧盟之间的平衡。但是，这样做有一个明显的缺陷：国家层面的计划和欧盟层面的计划并不是互补或协作的关系。英国本土的信息通信研发领域的实力相对薄弱、投入资金较少，而这一领域却是框架计划重点投资的强势领域，这种分配关系使得英国的信息产业并没有从框架计划中受益，反而使两者之间的鸿沟进一步加深。同样，这也是英国在框架计划中的纳米、食品等其他领域表现均低于欧盟平均水平的深层原因。

三、英国对欧盟研发政策的深层影响

从上述的各种数据可以看出英国参与欧盟研发活动的现状，现状背后隐藏着英国国内政策的偏好对于其欧盟层面活动的影响。那么，深入到欧盟的研发政策，英国又扮演了什么样的角色，是一个由于超国家机构的参与而失去了控制权的被动接受者，还是能把国家利益凌驾于欧盟之上的积极行动者？从象征着欧盟未来发展方向的“里斯本战略”计划的制订和执行调整两件事中可见一斑。

1. 欧盟发展方向的转变：“里斯本战略”的提出

2000 年 3 月，欧盟领导人在里斯本签署了事关欧盟未来发展方向的“里斯本战略”，这一战略可谓雄心壮志：到 2010 年时，欧盟要成为世界上最具竞争力、知识驱动型经济的地区。这一战略目标的提出对欧盟的研发政策产生了根本性的影响。首先，FP6 的预算有了大幅增加，比 FP5 增加了 17%；其次，在 FP6 中专门设立了专项，用于成立欧洲研究区，力图协调各成员国的科研活动；最后，FP6 的政策战略导向发生重大变化：提高研发型项目的标准力图促进公共科研机构之间的竞争，降低技术应用型的项目的标准加速技术成果转化。

无论是“里斯本战略”的制定，还是 FP6 的重大政策战略转变，都不是迎接 21 世纪到来的一时兴起或空穴来风。其实，早在 20 世纪 90 年代初，英国、法国和德国三大欧盟强国的经济发展规划和科研结构的转变就已经为欧盟在 21 世纪的转向奠定了基础，本书着重分析英国的情况。

英国的改革始于 1993 年，在政府公布的白皮书《挖掘我们的潜力：关于科学技术和工程的战略》中指出，英国对科学技术的投资一向比较低，投资额占 GDP 的比例在 2%以下，尤其在信息通信技术领域的研究实力特别薄弱。1997 年，托尼・布莱尔（Tony Blair）担任英国首相后明确提出英国应该勇敢迎接知识经济的挑战，并且逆转多年来英国研发投入的下降趋势，在 21 世纪成为世界上最成功的经济体。布莱尔政府在 2000 年又出台了一份白皮书，报告中描绘了英国在全球各个关键领域的位置。其中，贸易和工业大臣斯蒂芬・拜尔斯（Stephen Byers）强调了英国在科学领域的强势地位：英国的人均出版率超过了美国、法国和德国，尤其擅长生物医药方面的研发。但是，他也提出面对 21 世纪日益增长的全球竞争环境，英国应该加速科技资源的流动，无论是公共部门还是私人基金。

为了达到这一目标，布莱尔政府采取的措施就是增加公共实验室或大学实验室内部或实验室之间的竞争，促进技术和产业界之间的融合。公共科研机构方面，依附于研究理事会的公共实验室网络的重要性一直在下降，一部分公共实验室被私有化，还有一部分实验室的科研资金干脆被取消了，促使以大学为主体的基础研究项目竞争更加激烈。同时，政府还启动了高等学校的科研评估考核（research assessment exercise），以此评估各个大学的科研实力，并把科研实力与政府对大学的投入挂钩。像法国和德国政府一样，英国政府还加强了对年轻科学家和知名科学家的资助力度，防止人才流失。2000年，英国政府、皇家学会和一个私人基金会（沃弗森基金会，Wolfson foundation）共同成立了资助项目，这个项目促使50名世界顶尖科学家来英国工作。

除了增强基础研究项目的竞争力外，布莱尔政府还积极采取加强公共部门和私人部门之间合作的一系列改革措施。政府设立了高等教育创新基金（higher education innovation fund），投入6.75亿英镑鼓励大学与企业界之间的合作。例如，“大学企业化倡议”（Enterprising University Initiatives）项目支持知识转移到本地企业，“大学挑战赛”（University Challenge Competition）项目鼓励大学的实验室成立自己的公司。政府还加大了对已成立的“法拉第合作联盟”（Faraday Partnerships）项目的支持，该项目的目标是要把大学研究者和公司通过新产品或新工艺的开发这种具体目标联合起来。此外，为了能促进研发成果的商业化，《知识产权法》也进行了专门的修订。

可以说，早在“里斯本战略”提出十年之前，以英国为代表的欧洲三大科技强国的科研体制改革和发展方向都为该战略的问世埋下了伏笔。当时，欧盟负责研发的委员菲利普·比斯坎（Philippe Busquin）描绘了欧盟与美国之间并不乐观的差距：“欧盟的研发资金只占GDP的1.8%，而美国达到了2.8%，日本更是达到了2.9%。”他提议要尽力采取措施督促成员国增加公共研发部门之间的竞争，并促进工业界和研发部门之间的合作（European commission，2000）。他倡导的改革方针正是几年前英国布莱尔政府提出的，FP6的改革也是建立在各成员国科技转向的基础之上的，英国政府在欧盟“里斯本战略”的制定中是一个积极的行动者。那么，“里斯本战略”的执行过程中英国政府是否能继续担任这一角色呢？

2. 欧盟发展规划的实施：“里斯本战略”的执行

虽然“里斯本战略”在提出时雄心勃勃，但在具体政策执行中却困难重重，不仅需要经过复杂的审核和批准程序，而且需要代表不同利益方的欧洲议会、欧洲理事会、欧盟委员会、各国政府及各政治团体协商一致。关系到FP7预算的2007～2013年欧盟预算计划成为贯彻“里斯本战略”的关键事件，从该预算的提出到最终达成一致的艰难过程可以看出英国政府及其他各类因素对欧盟科技一体化方向的影响。

2007～2013年欧盟财政预算制定初期，欧盟还在强调执行“里斯本战略”的重要性，认为科学研究、技术发展和创新是可持续发展和促进就业的关键因素，也是达到“里斯本战略”的主要因素。鉴于此，应该大力促进研发，增加研发投入。从表 10-6 可以看出在欧盟委员会提交给欧洲理事会和各国政府首脑的草案中，与研发相关的资金占欧盟总资金的 12.2%。

表 10-6　2005 年欧盟财务预算制定草案、修改计划及最终计划（单位：百万欧元）

项目	凝聚政策/比例	自然资源保护和管理/比例	研发/比例	国际事务/比例	管理/比例	内政/比例	总计/占GNI比例
欧盟委员会草案	336 308/33.8%	400 294/40.4%	121 687/12.2%	627 70/6.3%	576 70/5.8%	147 24/1.5%	994 253/1.21%
容克计划	309 594/35.5%	377 800/43.5%	72 010/8.2%	50 010/5.7%	50 300/5.8%	11 000/1.3%	871 514/1.06%
布莱尔计划	296 900/35.2%	367 464/43.3%	72 010/8.5%	50 010/5.9%	49 300/5.8%	10 270/1.2%	846 754/1.03%
最终方案	308 041/35.6%	371 344/42.6%	74 098/9%	49 463/5.7%	49 800/5.8%	10 770/1.3%	864 316/1.05%

资料来源：Muldur 等（2006）

然而，这一草案送到欧洲理事会引起了很大争议，各国首脑们对此预算的总额和具体分配方式都极为不满。当时，继法国否决了《欧盟宪法条约》后，荷兰也以 62%的投票率和高达 63%的反对票否决了该条约，这一现状直接威胁到“里斯本战略的”的后续执行。同时，这段时间正值各个成员国大选临近，增加对欧盟的资金投入显得特别敏感，各国首脑对此均持消极态度。其实，早在 2003 年 12 月，德国、法国、英国、荷兰、奥地利和瑞典六个国家的首脑就针对预算给欧盟委员会主席罗马诺·普罗迪（Romano Prodi）写过一封联名信，信中写得很清楚，他们不能接受欧盟预算的增加。他们认为：“各个成员国都在经历削减支出的困难时刻，我们的公民不能理解为什么欧盟的预算可以不降反升。”（Muldur et al.，2006）这个有影响力的团体希望未来的预算能保持原状，不超过国民总收入（GNI）的 1%。然而，尽管有上述阻挠，欧盟委员会还是把预算比例提高到了 1.21%。

如果说，各成员国政府对预算总额的态度还能达成一致的话，那么对于具体的财务分配方案则各执一词。在欧洲理事会内部激烈讨论预算分配时，媒体把所有成员国的意见分成了两派。法国、波兰、德国、西班牙和卢森堡等成员国坚持传统的分配方式，也就是维持农业补贴和区域援助，而英国和斯堪的纳维亚国家则希望预算分配能与“里斯本战略”更加切合，增加研发预算，减少对农业和落后地区的补贴。前者以卢森堡首相让-克洛德·容克（Jean-Claude Juncker）为代表，后者的代表人物是英国首相布莱尔。

用这种二分法来描述当时的情形肯定过于简单，但是这可以帮助我们理清当时的激烈争论的脉络。2005 年年初，时任欧盟轮值主席的容克为了能使各方达成一致，提出了他的妥协方案：欧盟的经费预算比例从欧盟委员会提出的占 GNI 的 1.21%降到 1.06%，对研发投入的增加额砍掉了 40%，研发资金所占比例从 12.2%降到了 8.2%，对农业的补贴略微增加，从 30%上升到了 33%。看到这个方案后，时任欧盟委员会研发委员的雅奈兹·波托奇尼克（Janez Potocnik）在 2005 年 5 月的欧洲理事会会议中强调了欧盟竞争力的重要性，督促负责研发的各国部长兑现他们对"里斯本战略"的承诺，但并无多大效果。然而，在 2005 年 6 月 17 日的欧盟首脑会议上，当各国首脑对容克的提案投票表决时，英国不惜动用否决权来表达自己对欧盟预算分配的不满并号召各国加大研发领域的投入，这直接导致容克的方案流产，整个欧盟一片哗然。

2005 年 6 月 18 日，英国首相布莱尔发表讲话重申，即使根据欧盟委员会提出的草案大幅增加研发预算，共同农业政策所占的比例依旧高达 40%。他说："我要再次强调，共同农业政策所占的金额是科技、研发和教育领域经费的 7 倍……，现在的分配方案对于身处 21 世纪的欧盟来说并不是一个明智的方案，这与欧盟倡导的改革不相符合……"欧盟委员会研发委员波托奇尼克就布莱尔讲话发表评论说："任何基于欧盟委员会提供的财政预算草案的讨论都是一件好事，英国这次起到了带头作用，这个讨论早在 2004 年就由欧盟委员会发起了，所以它并不新奇，但是我们很高兴地看到现在关于此话题的讨论被上升到了最高的政治层面上。"（European Commission，2005a）随后，丹麦和斯洛伐克两国的首相都公开发表声明支持布莱尔的观点（European Commission，2005b）。

根据欧盟当时每半年一任的轮值主席国制，从 2005 年 7 月 1 日起英国将接替卢森堡，担任为期 6 个月的欧盟轮值主席。依照惯例，欧盟现任轮值主席容克和继任主席布莱尔，分别于 6 月 22 日和 23 日在欧洲议会上发表讲话，阐述本国任轮值主席期间的施政成果及未来计划。容克在讲话中将矛头直指英国，批评英国把修订欧盟预算与改革农业政策挂钩的建议是"不可行的"，甚至影射布莱尔次日在欧洲议会发表的讲话只会为英国"辩解"。他还驳斥了布莱尔称欧盟用于农业补贴的资金是用于发展和科研资金 7 倍的说法，"人们说的都是垃圾，你要依据同一标准来比较"。他认为，研发资金主要是国家来资助，而农业则全部由欧盟预算来提供资金，更为准确地比较应该是 2007～2013 年，欧盟所有成员国及欧盟层面的研发资金合计 5240 亿欧元，而同期的农业资金只有 3050 亿欧元（European Commission，2005c）。容克的讲话得到了议员们的广泛支持，讲话结束时大家全体起立，对这位即将离任的轮值主席国首相报以长时间的掌声。时任欧盟委员会主席巴罗佐也于当天表示，欧盟 2002 年达成的农业补贴政策应受到尊重，作为继任轮值主席国，英国有责任在任期内提出新的草案并敦促各成员国达成协议。

面对外界的指责，英国首相布莱尔 23 日在欧洲议会发表讲话予以回应，指出“关于欧洲的争论不应是谩骂和人身攻击，而应当是公开、坦诚地交换看法”。英国强调，共同体农业政策的花费占欧盟总预算的 40％是不合理的，因为农业在欧盟只提供 5％的就业率（Muldur et al.，2006），所以英国希望看到欧盟的经费都花在能提高欧盟竞争力和迎接全球挑战的方面上。

在《欧盟宪法草案》触礁、欧盟 2007～2013 年预算难产的双重打击下，欧盟正处于前所未有的危机之中，舆论都把矛头指向了英国，指责布莱尔的强硬立场直接导致欧盟 2007～2013 年的财政预算受挫。所以，在英国担任欧盟轮值主席国期间，布莱尔必须积极协调各成员国就欧盟预算方案达成一致，否则会让英国在欧盟的政治舞台上蒙羞，其影响力注定会被削弱。为了达到这一目标，布莱尔同容克一样做出了妥协，总体预算占 GNI 的比例仅为 1.03％，两个人的方案都大幅度削减了预算总额，以缓解国内的政治压力。2005 年 12 月，各成员国政府首脑终于就预算方案达成一致，总金额占 GNI 的比例为 1.05％，这个数字介于布莱尔和容克的提案之间，但是却比欧盟委员会的草案少了很多，尽管用于研发的资金比欧盟委员会的草案有所减少，但比容克和布莱尔的草案都要多，所占比例达到了 9％。布莱尔为了完成轮值主席国的使命，还是对农业投入做出了让步，最终确定的预算中对农业的投入并无明显变化。

至此，一场史无前例的财政预算和分配争端终于落下帷幕。当欧盟委员会大幅增加研发投入的预算草案颇受争议时，欧盟委员会研发委员波托奇尼克大力号召各成员国政府代表遵守“里斯本战略”的约定，但并没有引起多大关注。当英国政府用一票否决的强硬方式对欧盟不增加研发预算表示抗议时，才引起了参与其中的各个政治利益团体的高度重视。此时的英国牢牢地掌握了主动权，在本国利益与欧盟利益发生冲突时，它的否决票直接导致容克提出的欧盟财政预算以失败告终。而英国的态度也让自己立刻尝到了苦果，欧盟其他成员国和舆论均一边倒地指责英国的做法是落井下石，使欧盟面临更危急的境地。为了避免在以德国和法国为轴心的欧盟一体化进程中处于越来越被边缘化的地位，英国必须在轮值主席国期间使各成员国同意通过欧盟预算草案，这势必意味着让步和妥协。面对上述的重重压力，英国被迫放弃了主动权，同意通过了并无太大变化的预算草案，最终在这一重大问题上维持了英国作为欧盟大国的颜面。

四、本章小结

英国政府在欧盟科技一体化进程中，究竟是被动的接受者还是积极的行动者？经过上述的分析我们发现，如果只是选择其中一个作为英国的角色定位似乎过于简单，英国政府的行为并没有走向两个极端，而是根据不同的情况在两者之间游走。

纵观英国参与框架计划的概况，表面上框架计划的所有领域英国都积极参与其中，但其中的发展趋势却各不相同。通过框架计划的资助，英国的优势学科更加强化，尤其是生物医药领域；英国政府希望通过框架计划促进科技人才的流动和培训，这一愿望也得以实现；但是，一些欧盟大力投资的科研领域，如信息产业、纳米、食品及农业等，英国的表现不尽如人意，归咎于英国各个部门贡献的投资最终要通过欧盟的各个计划回到原部门的这一基本政策束缚了这些研究领域的发展，也导致强势学科更强、弱势学科更弱的马太效应。

在欧盟的政策制定过程中，正如历史制度主义学派所言，欧洲一体化进程向前发展的每一步都受不同年代的特定背景所影响，"里斯本战略"的定位基于以英国为代表的欧盟三大强国率先对本国的经济发展驱动力做了调整，加之美国经济转型的指引。"里斯本战略"的制定方向与英国的想法不谋而合，英国政府对此并未提出异议。而在政策的执行中，我们看到一体化进程明显削弱了各成员国的主权，即使英国这样的欧盟大国在国家层面和超国家层面的博弈中也不得不忍气吞声。英国可以对欧盟预算草案投否决票来表明捍卫国家利益的强硬态度，但事后也付出了众人声讨的惨痛代价并最终妥协。从英国的坚决抗议到无奈屈从这一过程正符合历史制度主义的"路径依赖"，英国想减少欧盟对农业领域的投入并增加研发投入，改变这一现状意味着英国将与法国和德国为首的主要欧盟成员国为敌，面对轮值主席国的短暂任期、在政治上被欧盟边缘化的趋势及其他成员国的强烈指责等种种因素，英国被迫牺牲本国的部分利益挽回局势。因此，无论是否结果在预期范围内，是否政府的妥协出于自愿，各成员国政府的部分主权的确转交给了欧盟这一超国家机构，而以国家为中心的自由的政府间主义理论已不足以说明欧盟对各成员国的控制，只有认可了欧盟这一超国家层面的组织才能够解释欧洲一体化进程如今的快速发展。

第十一章 结论

20 世纪 50 年代起，现代科学技术为了寻求更大范围内的资源整合和共同发展，逐步成立了各种跨越或超越国家层面的科学组织。在世界两极格局的影响下，全球形成了资本主义阵营和社会主义阵营全面对抗的状态，由此在欧洲分别成立了欧共体和华约组织。这两个组织中都包含了科学研究计划和相关机构，这就成了后来超越国家层面科学实体的雏形。随着冷战告终及华约组织解散，欧共体成为唯一一个欧洲跨区域范围的合作组织，其一体化进程不断加快，以欧洲层面上的跨国科学实验室、超国家形式的框架计划为代表的欧盟科学技术也应运而生。

欧盟科学技术是指二战以后欧洲理事会，以及后来的欧共体及欧盟的诸成员国彼此联合共同进行的有组织的科学活动，是指欧洲范围内跨越或超越国家层面的，且以制度化形式发展的科学技术。欧盟科学技术是跨越或超越国家科学之上的新兴科学发展形式，体现了当代科学存在的状态。但自欧盟科学技术制度化进程之初，对其制度化进程的判定就存在跨国家和超国家两种形式并存的局面。当欧盟的政治经济一体化进程停滞时，跨国家之说就占上风，学者们普遍认为只要实现跨国科学技术联合就已经完成了欧盟科技联合的目标；当欧盟政治经济一体化加速之时，超国家层面之说取而代之成为主流，欧盟框架计划等一系列相关实体相继出现成为超国家层面的代表。但纵观欧盟发展 60 余年，无论是政治经济领域还是科技领域，一体化进程的高度已经上升到了前所未有的状态，欧盟已成为全球最大的超国家实体。因此，从长时段角度来看，欧盟科学技术的发展方向还是超国家形态的，它的制度化进程尽管会因为政治经济一体化的坎坷遭遇一些波折，但终究呈现出一个一元化实体，并与跨国联合迥异的超国家实体的特点。

回顾欧盟科学技术的制度化走过的道路，其发展进程正与欧洲政治经济一体化进程相一致，它的壮大都以欧洲整体的政治、经济条件作为依托。1940 年欧洲理事会的成立间接导致了 CERN 的诞生。1950 年《罗马条约》的签订使欧洲原子能共同体和欧洲联合研究中心正式组建。1960 年促成欧共体正式成立的《布鲁塞尔条约》推进了欧洲航天局的整合和扩张。1970 年欧共体的第一次具有重要意义的扩大使 EMBL 成立的曲折历程画上圆满的句号。1986 年《单一欧洲法令》为欧盟科技一体化确立了以协调为基本的第一个宗旨。1991 年标志着欧盟正式成立的《马斯特里赫特条约》把辅助性原则确定为欧盟科技一体化的第二个重要宗旨。而 2000 年通过的“里斯本战略”不仅增加了欧盟层面的科学投入而且建立了欧洲研究区。欧盟科学技术的制度化进程经历了以跨国层面的科学实验室为主流，到以超国家层面的科学实体为主导，再到两者整合协调起来成立欧洲研究区三个发展阶段。在整个制度化进程中，人才流失、技术差距和欧洲悖论成为欧盟科学技术制度化的动因。二战结束，国家现代化进程开启后，要解决这三个关键问题仅凭一国之力已经无法完成，现实要求欧洲各国尝试联合起来形成一个整体，面对来自美国、日本，甚至是中国这样的科技大国的竞争。

一般而言，科学技术的制度化进程有自上而下和自下而上两种方式。在欧盟科学技术发展之初，欧洲各国很快便决定以自上而下的方式成立 CERN，共同建设造价高昂的大型实验设备并据之展开核子研究，这使得核子研究直接上升到欧洲层面，而当时欧洲国家层面的核物理研究几乎处于空白状态。CERN 的迅速建立，既得助于二战后欧洲政治整合和经济重建的推力，也得助于核物理研究的“大科学”特质。而从 20 世纪 60 年代末起，以 EMBL 为代表的欧盟科技联合实体走过了一条迥然不同的道路，一条由科学家为主要推动力量，以自下而上方式优先发展国家科学的制度化道路。从 20 世纪 80 年代起，欧盟科学技术制度化的发展方式则更为复杂，基本呈现出自上而下和自下而上两种进路相结合的状态，只是在制度化进程中融入了更多的推动力量，框架计划的雏形——ESPRIT 项目就是由欧洲大型信息通信企业和政府一起协商决定的，框架计划的制订和执行更是欧盟管理层、科学家、公司和非政府团体这些不同利益方共同作用的产物。

在不同的历史时期都能看出欧盟科学技术区别于国家层面的科学技术制

度化的独特特征：

（1）相比于国家科学，欧盟科学技术的制度化进程具有更高的开放性和普遍性。CERN 作为一个平台，能容纳当时欧洲三大核物理学派的不同研究传统且极大地促进了它们彼此之间的互动和融合。后来，欧盟科学技术的制度化的疆域更是超越了科学技术的范围，延伸到了工业领域，这使欧盟科学技术发展从以知识生产为导向转向了以知识应用为导向。同时，这种转变也赋予科学家多重的角色，他们不仅是大学里的教授或公共科研机构的研究员，也是相关企业的创始人或股东，肩负着技术成果向市场转化的责任。

（2）超越国家层面的科学实体在合作和交流方面也达到了国家层面的科学实体无法企及的高度。以往受政治、地理和文化因素形成的团体被打破，不同国家的科研团队在 CERN 和 EMBL 的平台上形成以任务为导向的科学混编联合体获得更大范围的整合。过去，欧盟科技制度化是国家科学和欧盟科学之间的交流和对抗，但从 20 世纪 80 年代起，这种交流和对抗中又添加了区域层面的科学，形成三足鼎立的格局。以生物技术为案例发现，超越国家层面的科学实体则成为区域层面和国家层面的科学相互协调沟通的平台，科学家、企业、各国政府代表、相关学会和组织机构负责人在这一平台上相互磋商，形成了创新的多层科技治理模式，制定欧盟统一的科技指令。欧洲意识不仅在学术界深入人心，而且迅速向企业和工业界渗透。

（3）超国家层面的科学制度化也促进学术纲领在更高层面上的融合和统一。EMBL 的建立促进各国分子生物学的学术纲领在更高层面达成共识，这也成为欧洲层面的分子生物学制度化得以向前推进的前提。如今，以科技为基础的工业制度化进程所必备的要素中，欧盟在科技指令的决策方面表现出色，统一的科技指令为欧洲的工业企业适应激烈的国际竞争提供了便利。

欧盟科学技术在制度化的过程中也在寻求自身核心纲领的构建。CERN 成立之时的核心理念是要做凭一国之力无法完成的科研任务，事实证明 CERN 获得了巨大的成功，并先后成立了多个类似的科学实验室。也正是 CERN 的核心理念的延续，才产生了后来超国家层面的欧盟科研活动遵循的辅助性原则和欧盟附加价值；EMBL 的建立则遵循另一条欧盟核心理念——协调各国科研活动，在这一理念的影响下，欧盟也先后成立了如欧洲科学基金会（European Science Foundation，ESF），确立了欧洲科学技术合作计划（European Cooperation in the Field of Science and Technology），但鉴于国家科学的强势地位和各国的差异性，这一理念始终无法找准自己的定位，代表这一理念的相关机构和实体的发展状况并不尽如人意。从框架计划起，欧盟将这两条核心理念作为超国家层面科学的发展纲领。框架计划的优先发展领域的选择、大力支持人才培养和培训计划以促进全欧范围的人才流动，这些行动都是为了贯彻辅助性原则，体现欧盟附加价值。可以看出，辅助性原则和欧盟附加价值已经在“欧盟科学技术制度化”进程中站稳了脚跟，获得了大家的普遍认可。而相比之下，协调各国科研活动的理念在框架计划中没有充分体现，研发活动的主动权还是牢牢掌握在各国政府手中，欧盟成员国的扩张更是增加了各国科研活动的差异性，让这一理念的贯彻难上加难。

目前，欧盟整体的科学技术发展状态是国家层面和超国家层面的科学形式并存的局面，这就意味着我们在探讨欧盟科学技术时，必须把国家层面的科学放在一起来讨论，对欧盟和成员国的科研系统进行比较，关注国家科学和超国家科学之间的互动、互补、竞争和合作。

（1）欧盟科研系统采用的是协作决策、分头管理执行的模式。这种模式强调一元集中管理，透露出欧盟想在管理层面体现欧洲的主体意识。现在，越来越多的欧盟成员国趋向于采用欧盟这种科研管理模式，尤其是新成员国在加入欧盟后，国家层面的科研体制都进行了大幅改革。欧盟的科技决策属于欧盟三大决策支柱中最重要的欧共体决策范围，但也只能发布科技指令，各成员国自愿执行。因此，与国家科研系统不同的是，超国家层面中科技咨询机构发挥的作用最大。无论是在欧盟科技指令的制定过程还是执行过程，欧盟都要充分听取成员国政府、大学和科研机构、科学家、工业企业及各种独立团体的意见，这种由欧盟开创的公开协调模式要求设立相应的科技咨询机构作为各种层面的利益相关者沟通的桥梁。另外，以框架计划为代表的超国家层面的科技项目也展现出很多与国家科技项目的不同之处：优先发展领域的选择都倾向于解决欧盟共识问题或单一成员国无法解决的问题；总体的项目评估立足于未来，专注于预测功能，与国家科技项目评估的“事后评价”和总结功能，在出发点和定位上均不一样。

（2）在欧盟政策制定过程中，欧盟各成员国，尤其是英国、法国和德国三大强国的科技战略对欧盟层面的政策制定影响深远，三大强国科技政策转型为欧盟“里斯本战略”的提出指明了方向。但事实证明，任何一个国家想一家独大，把国家的意志完全强加于超国家的科学实体，也是不现实的，英国在2007～2013年欧盟财政预算商议中最初表现强势，想要大幅增加研发投入，结果却在博弈中败北。

（3）在国家政策制定中，欧盟所占的分量也越来越大。面对与美国和日本的竞争与合作，欧盟层面的生物技术政策也能为各国的生物技术研发纲领起到导向性作用，德国的生物技术政策从第二代生物技术向第三代生物技术的战略型转变中也有欧盟的作用。对经济发达的成员国而言，欧盟科学技术发挥的作用主要体现在科学联合体及个体科学家的发展层面上，政府确立优先发展领域的决策体系受欧盟影响很少；而框架计划是对于新成员国科研系统的作用不容估量，可以说，新成员国在科技决策和执行的整个流程中，欧盟层面的影响深入其中。要想带动落后的新成员国的科技发展，科研资金的投入和科研机构的建立是远远不够的，如何使近代科学的学术精神和研究纲领成功移植到新成员国，也是欧盟科技一体化中的一项艰巨任务。

在对超越国家层面的科学制度化形式深入剖析以后，我们可以从长时段角度入手，基于制度化的理念，看待科学制度化进程的三个阶段的区别和联系。

（1）科学制度化的第一个层面是科学学会的成立及大学中设立与科学相关机构，以英国皇家学会和剑桥大学设立讲授科学知识的课程为代表，这个阶段的科学是自主的、追求真理的活动，科学家凭个人兴趣选择研究方向，享有充分的自由。默顿的科学社会学主要针对的就是这一层面的科学家和科学活动，他所提倡的科学及科学家的普遍性、公有性、无私利性和有条理的怀疑都是面向以求知为目的的科学家个人的活动而言的。

（2）当国家层面的科学制度化兴起时，科学的自主性受到极大的挑战，而科学的实用性得到极大的宣扬。科学研究逐步发展成为需要团队合作、大量资金投入才能完成的任务，这使得科学家一人之力已无法承受，政府对科学的投资在所难免；反之，科学对整个国家及社会的影响力也不容忽视。在科学的国家化层面，默顿所说的科学家的规范及科学研究的特性出现了很大的偏差，此时的科学体现出了强烈的国家意志，面临着自主与责任之间的平衡，科学发展更强调致用和竞争。

（3）欧盟科学技术的制度化让我们看到了超越国家层面的科学发展的新特点。我们之前所总结的这种科学形式具有更高的开放性和普遍性，促进学术纲领在更高层面上的融合和统一，以及更大范围内的合作和交流，这些都突破了国家科学的局限。欧盟的科技发展对外坚持要与美国、日本，甚至中国这样的新兴大国相抗衡和竞争，但在欧盟内部科学研究却获得了国家科学所无法达到的自主权，欧盟科学实验室中平等、民主的署名形式已经超出默顿所说的优先权之争、科学家对荣誉、同行认同的追求等原则，EMBL 在一定意义上也淡化了成员国之间的政治冲突及意识形态对抗，其主站点选择在德国，考虑到缩小欧洲各国的科研差距，扶植实验室所在国的科研实力的因素，这就表现出了国家科学所没有的反马太效应，这些都更接近科学国际主义的理念。从某种意义上来看，这种超越国家层面的科学形式对求知和合作的倡导，为科学的自主发展留下了更多的空间，是对默顿所强调的科学本质的回归，也是未来人类科学发展的方向。

但是，看到美好前景的同时，我们也必须强调这样一个客观事实：国家层面的科学活动仍然是欧盟整体科学技术发展形式的主流，超越国家层面的科学技术实体现在还只是国家科学的补充。星星之火，可以燎原。欧盟科学技术经过长时间的摸索，我们已经能分辨出这种超越国家层面的制度化进程的纲领和特征，“欧洲意识”也在欧盟各国科学家们心中生根发芽，这种超国家科学实体的制度化进程处于进行时，对于将来，我们拭目以待。

附　录

CERN 核心成员的基本情况分析

英国

人名（1954 年）	出生年份	年龄	教育/工作背景	在 CERN 中的作用	工作部门①	备注
Sir John Adams	1920	34	Eltham College	科学管理者	PS/DG	Harwell
Patrick M. S. Blackett	1897	57	Cambridge/London University/Manchester University/Germany	科学管理者	SPC	Noble Price

① CERN 成立之时，常设一个理事会，其中包括委员会（Council）、财政委员会（Finance Committee，FC）和科技政策委员会（Scientific Policy Committee，SPC），还有实验室主任（Director-General，DG）。1954 年，CERN 的组织机构有 6 个：质子同步加速器部门（Proton Synchrotron，PS）、同步电子回旋加速器部门（Synchero-cyclotron，SC）、理论研究部门（Theoretical Studies，TH）、科技服务部门（Scientific and Technical Services，STS）、实验室建设部（Site and Buildings，SB）和行政管理部门（Administration，ADM）。1961 年，实验室改组后，理事会不变，实验室部门从 6 个分为 12 个：质子同步加速器部（PS Machine，PSM）、同步电子回旋加速器部（SC Machine，MSC）、核物理部（Nuclear Physics，NP）、径迹室部门（Track Chambers，TC）、理论部（Theory，TH）、核物理设备部（Nuclear Physics Apparatus，NPA）、数据处理部（Data Handling，DD）、加速器研究部（Accelerator Research，AR）、工程部（Engineering，ENG）、实验室建设部（Site and Buildings，SB）、财务部（Finance，FIN）、行政管理部（Administration/Personnel，ADM/PE）。这 12 个部门分别由 4 个理事（directorate）管理。4 个理事由实验室主任直接领导。

续表

人名（1954 年）	出生年份	年龄	教育/工作背景	在 CERN 中的作用	工作部门	备注
James Chadwick	1891	63	Manchester University/Cambridge/Liverpool/Germany/US	科学管理者/外交官		Noble Price
John D. Cockcroft	1897	57	Manchester University/Cambridge	科学管理者	Council/SPC	Noble Price/Harwell
Samuel Arthur French Dakin	1909	45	Cambridge/Canada/US	普通管理者	ADM/Directorate	
Donald William Fry	1910	44		科学管理者	Delegate	Harwell
Frank Kenneth Goward	1919	35	Cambridge	科学管理者	PS	Harwell
Mervyn G. Hine	1920	34	Cambridge	科学管理者	PS	Harwell
Alexander King	1909	45	Cambridge/US/Frence	外交官		
Sir Ben Lockspeiser	1891	63		科学管理者	President	
Richard W. Penney	1918	36		外交官/普通管理者		
Cecil Frank Powell	1903	51	Cambridge/Bristol	科学管理者	SPC	Noble Price
Herbert W. B. Skinner	1900	54	Cambridge/Bristol/Liverpool/US	科学家	SC	Harwell
George Paget Thomson	1892	62	Cambridge	外交官/科学管理者		Noble Price
人名（1960 年）	出生年份	年龄	教育/工作背景	在 CERN 中的作用	工作部门	备注
George Hughan Hampton	1920	40	Oxford	普通管理者	ADM/PE	
William Owen Lock	1927	33	Bristol/Birmingham	普通科学管理者	Directorate	
Graham Ross Macleod	1929	31	Cambridge	科学家/科学管理者	STS/DD	
Sir Harry Melville	1908	52	Edingburgh/Cambridge/Aberdeen/Birmingham	外交官/科学管理者	Delegate/Vice President	
Sir Alexander Walter Merrison	1924	36	Cambridge/Liverpool/Bristol	科学家/科学管理者	SPC/President	Harwell
Ernst Gunter Michaelis	1917	43	London University/Oxford		MSC	
Colin Ramm	1921	39	Western Australia/Birmingham	科学管理者	PS/NPA	

续表

人名（1954 年）	出生年份	年龄	教育/工作背景	在 CERN 中的作用	工作部门	备注
Peter Hugh Standley	1924	36	Oxford	科学家科学管理者	PS/MPS	Harwell
Sir John Adams	1920	40	Eltham College	总理事	PS/DG	Harwell
John D. Cockcroft	1897	63	Manchester University/Cambridge	科学管理者	Council/spc	Noble Price
Samuel Arthur French Dakin	1909	51	Cambridge/Canada/US	普通管理者	ADM/Directorate	
Mervyn G. Hine	1920	40	Cambridge	科学管理者	PS	
Richard W. Penney	1918	42		外交官/普通管理者		
Cecil Frank Powell	1903	57	Cambridge/Bristol	科学管理者	SPC	Noble Price

法国

人名（1954 年）	出生年份	年龄	教育/工作背景	在 CERN 中的作用	工作部门	备注
Pierre Auger	1899	55	Sorbonne	外交官		UNESCO
Paul Capron	1905	49	Louvin/Cambridge/Canada/US	外交官/科学家	Delegate	UNESCO
Raoul Dautry	1880	74		外交官	Delegate/Council	CEA①
Lew Kowarski	1907	47	Lyons/College de France	科学管理者/外交官	STS/DD	CEA
Louis Leprince-Ringuet	1901	53	Ecole Polytechnique/Rennes/College de France	科学管理者/实验物理学家	SPC/Delegate	CEA
Francis Perrin	1901	53	College de France	科学管理者/外交官	Council/SPC	CEA
Edouard Regenstreif	1915	39	Ecole Normale Superieure	科学家/科学管理者	PS	
Francios Comte de Tricornot de Rose	1910	44		科学管理者/外交官	President	UNESCO
Robert Valeur	1903	51	Lyon	外交官		UNESCO
Charles Mallet	1915	45	Ecole Polytechnique	普通管理者	SB	
Jean Richemond	1896	64	Faculte des Sciences and Ecole Superieure d'electricite	普通管理者	Directorate	
人名（1960 年）	出生年份	年龄	教育/工作背景	在 CERN 中的作用	工作部门	备注
Bernard P. Goegory	1919	41	Ecole Polytechnique/US	科学管理者	DG	

① CEA：French Atomic Energy Commission.

续表

人名（1960 年）	出生年份	年龄	教育/工作背景	在 CERN 中的作用	工作部门	备注
Henri Albert Laporte	1928	32	Ecole Polytechnique /Ecole des Ponts et Chaussees	行政管理者	STS	
Charles Mallet	1915	45	Ecole Polytechnique	普通管理者	SB	
Peyrou Charles	1918	42	Ecole Polytechnique /Ecole des Ponts et Chaussees	科学管理者	TC	
Jacques Prentki	1920	40	Warsaw/Paris	理论科学家	TH	
Jean Richemond	1896	64	Faculte des Sciences /Ecole Superieure d'electricite	行政管理者	Directorate	
Andre Verheyden	1913	47	Lyon	行政管理者	FIN	
Lew Kowarski	1907	53	Lyons/College de France	科学管理者	STS/DD	CEA
Louis Leprince-Ringuet	1901	59	Ecole Polytechnique/Rennes/College de France	科学管理者	STS	CEA
Francis Perrin	1901	59	College de France	科学管理者	Council/ SPC	CEA
Edouard Regenstreif	1915	45	Ecole Normale Superieure	普通管理者	PS	

意大利

人名（1954 年）	出生年份	年龄	教育/工作背景	在 CERN 中的作用	工作部门	备注
Edoardo Amaldi	1908	46	Rome/US	科学管理者/实验物理学家	SPC/ President	IUPAP①
Alessandro Casati	1881	73		科学管理者/外交官		UNESCO
Gustavo Colonnetti	1886	68	Genoa/Pisa/ Turin Polytechnical	科学管理者		UNESCO
Bruno Ferretti	1913	41	Milan/Rome	科学管理者/理论物理学家	TH	
Mario Alberto Rollier	1909	45	Polytechnical High School/US/Pavia	科学管理者/外交官		
Gilverto Bernardini	1906	54	Columbia/ Iillíois/Urbana	科学管理者	SPC/Directorate	
人名（1960 年）	出生年份	年龄	教育/工作背景	在 CERN 中的作用	工作部门	备注
Gilverto Bernardini	1906	54	Pisa	科学管理者	SC	
Giuseppe Cocconi	1914	46	Milan		NP/MSC	

① IUPAP：International Union of Pure and Applied Physics.

续表

人名（1954 年）	出生年份	年龄	教育/工作背景	在 CERN 中的作用	工作部门	备注
Guiseppe Fidecaro	1926	34	Rome/US/Padua/Liverpool	科学家		
Gianpietro Puppi	1917	43	US/Padua/Bari/Rome/Padua/Naples/Bologna	科学管理者	Directorate	
Edoardo Amaldi	1908	52	Rome/US	科学管理者		IUPAP

德国

人名（1954 年）	出生年份	年龄	教育/工作背景	在 CERN 中的作用	工作部门	备注
Wolfgang Gentner	1906	48	Erlangen/Frankfurt/Frence	科学管理者/实验物理学家	SC/PS/SPC/President	
Werner Heisenberg	1901	53	Leipzig/Berlin/Danmark	科学管理者	Delegate/SPC	DFG①
Alexander Hocker	1913	41	Leipzig	外交官	FIN	DFG DESY②
Christoph Schmelzer	1908	46	Jena/Heidelberg/US	科学家	PS	DESY
人名（1960 年）	出生年份	年龄	教育/工作背景	在 CERN 中的作用	工作部门	备注
Albert Burger	1923	37	Karlsruhe/US	科学家	TC/NP	
Anselm Citron	1923	37	Freiburg/Basle/Cambridge/US	科学家	PS/SC	
Willibald Jentschke	1911	49	Vienna/Hamburg/US	科学管理者/外交官		DESY
Wolfgang Paul	1913	47	Technische Hochschule Berlin/ Gottingen/Bonn	科学管理者	NP	DESY
Arnold Schoch	1911	49	Stuttgart/Berlin/Gottingen/T/Heidelberg/Karlsruhe	科学管理者	PS/AR	
Walter Schulte-Meermann	1906	54		行政管理者	Delegate/FIN	
Gunther Ullmann	1924	36	Frankfurt	普通管理者	ADM/PE	
Wolfgang Gentner	1906	54	Erlangen/Frankfurt/Frence	科学管理者	SC/PS/SPC/President	
Alexander Hocker	1913	47	Leipzig	科学管理者	FIN	DFG DESY

① DFG：Deutsche Forschungsgemeinschaft.

② DESY：Deutsches Elektronen-Synchrotron.

瑞士:

人名（1954 年）	出生年份	年龄	教育/工作背景	在 CERN 中的作用	工作部门	备注
André Mercier	1913	41	Geneva/Verne	外交官	Delegate	SPS①
Jean A. Mussard	1912	42	Zurich Eidgenossische Technische Hochschule	外交官		UNESCO
Albert Picot	1882	72	Geneva	外交官	Delegate	SPS
Peter Preiswerk	1907	47	Berlin/Eidgenossische Technische Hochschule/France	科学管理者/外交官	SB/SC/NP	
Denis de Rougemont	1906	48		作家		
Paul Scherrer	1890	64	Eidgenossische Technische Hochschule	科学管理者	SPC	SPS
Rudolf Bernhard Steiger	1900	54		建筑师		
Markus Fierz	1912	48	Zurich/Leipzig/Danmark/US	科学管理者	TH	
人名（1960 年）	出生年份	年龄	教育/工作背景	在 CERN 中的作用	工作部门	备注
Markus Fierz	1912	48	Zurich/Leipzig/Danmark/US	科学管理者	TH	
Constant Tieche	1917	43		普通管理者	FIN	
Peter Preiswerk	1907	53	Berlin/Eidgenossische Technische Hochschule/France	科学管理者/外交官	SB/SC/NP	
Paul Scherrer	1890	70	Eidgenossische Technische Hochschule	科学管理者	SPC	SPS

比利时

人名（1954 年）	出生年份	年龄	教育/工作背景	在 CERN 中的作用	工作部门	备注
Yves Goldschmidt-Clermont	1922	32	Brussels/College of France/Bristol/US	物理学家/科学管理者	STS/DD	
Marc Comte de Hemptinne	1902	52	Louvain	外交官/科学管理者		UNESCO, IISN②, FNRS③
Julien Leon Verhaege	1905	49	Gent	外交官		IISN

① SPS：Swiss Physical Society.

② IISN：Institut Interuniversitaire de Sciences Nucleares.

③ FNRS：Fonds National de la Recherche Scientifique.

续表

人名（1954 年）	出生年份	年龄	教育/工作背景	在 CERN 中的作用	工作部门	备注
Jean Willems	1895	59	Free University of Brussels/Foundation/Belgian Inter-University	科学管理者	Delegate/FIN/Council	FNRS，IISN
Leon C. P. Van Hove	1924	36	Brussels/Utreche/US/Danmark	科学管理者	TH	
人名（1960 年）	出生年份	年龄	教育/工作背景	在 CERN 中的作用	工作部门	备注
Pierre Germain	1922	38	Brussels	科学管理者	PS/MPS/Directorate/SPC	
Leon C. P. Van Hove	1924	36	Brussels/Utreche/US/Danmark	科学管理者	TH	
Yves Goldschmidt-Clermont	1922	38	Brussels/College of France/Bristol/US	物理学家/科学管理者	STS/DD	
Jean Willems	1895	65	Free University of Brussels/Foundation/Belgian Inter-University	科学管理者	FIN/President	FNRS

丹麦

人名（1954 年）	出生年份	年龄	教育/工作背景	在 CERN 中的作用	工作部门	备注
Niels Bohr	1885	69	Copenhagen/US	科学管理者/外交官	TH/SPC/Delegate	Nobel Prize
Christian Moller	1904	50	Copenhagen	科学家/科学管理者	TH	RDSS①
Jakob Nielsen	1890	64	Technical High school/Copenhagen	科学管理者	Delegate	RDSS
人名（1960 年）	出生年份	年龄	教育/工作背景	在 CERN 中的作用	工作部门	备注
Christian Moller	1904	56	Copenhagen	科学管理者	TH/SPC	RDSS

荷兰

人名（1954 年）	出生年份	年龄	教育/工作背景	在 CERN 中的作用	工作部门	备注
Cornelis Jan Bakker	1904	50	Utrecht/Amsterdam	科学管理者	SC/DG	UNESCO
Jan Hendrik Bannier	1909	45	Utrecht	科学管理者	FIN/President	ZWO

① RDSS：Royal Danish Scientific Society.

续表

人名（1954 年）	出生年份	年龄	教育/工作背景	在 CERN 中的作用	工作部门	备注
Hendrik Anthony Kramers	1894	60	Copenhagen/ Utrecht /Leiden	科学管理者		IUPAP
人名（1960 年）	出生年份	年龄	教育/工作背景	在 CERN 中的作用	工作部门	备注
Cornelis J. Zilverschoon	1923	37	Delft Technical University/Amsterdam	科学管理者	PS/AR	
Jan Hendrik Bannier	1909	51	Utrecht	科学管理者	FIN/ President	ZWO

挪威

人名（1954 年）	出生年份	年龄	教育/工作背景	在 CERN 中的作用	工作部门	备注
Odd Dahl	1898	56	Christian Michelsen institute/US	科学管理者/外交官	PS	UNESCO
Johan Peter Holtsmark	1894	60	Norwegian institute of technology/Oslo	外交官/科学家	Delegate	
Egil A. Hylleraas	1898	56	Oslo	外交官/科学家	Delegate	
Bjorn Thumpy	1900	54	Bergen/Christian Michelsen Institute	外交官/科学家	Delegate	RNC①
Harald Nicolai Wergeland	1912	42	Norwegian Institute of Technology	外交官/科学家	Delegate	RNC
Rolf Wideroe	1902	52	Karlsruhe	科学家	PS	
Gunnar Randers	1914	40	Oslo/US	外交官	Delegate	
人名（1960 年）	出生年份	年龄	教育/工作背景	在 CERN 中的作用	工作部门	备注
Kjell Johnsen	1921	39	Norwegian Institute of Technology/Imperial college/Christian Michelsen Institute	科学管理者	AR	
Finn Schou-Olsen	1919	41		行政管理者	ADM/ PE	
Bjorn Thumpy	1900	60	Bergen/Christian Michelsen Institute	外交官/科学家	Delegate	RNC

瑞典

人名（1954 年）	出生年份	年龄	教育/工作背景	在 CERN 中的作用	工作部门	备注
Hannes Alfvén	1908	46	Royal Institute of Technology	科学管理者	SPC/ Delegate	Nobel Prize, UNESCO
Gosta Werner Funke	1906	48	Stockholm	科学管理者	FIN/ President	SAEC②

① RNC：Royal Norwegian Council for Scientific and Industrial Research.

② SAEC：Swedish Atomic Energy Committee.

续表

人名（1954年）	出生年份	年龄	教育/工作背景	在CERN中的作用	工作部门	备注
Torsten Gustafson	1904	50	Lund	外交官/科学家	Delegate	SAEC
Malte Ferdinand Jacobsson	1885	69	Gothenburg University/Chalmers University of Technology	外交官/科学管理者	Delegate	SAEC
Ivar Waller	1898	56	Uppsala	科学家	Dalegate	SAEC
人名（1960年）	出生年份	年龄	教育/工作背景	在CERN中的作用	工作部门	备注
Guy von Dardel	1919	41	Lund	科学家	SC/PS	
Gosta Werner Funke	1906	54	Stockholm	科学管理者	FIN/President	SAEC
Ivar Waller	1898	62	Uppsala	科学家	Dalegate	SAEC

美国

人名（1954年）	出生年份	年龄	教育/工作背景	在CERN中的作用	工作部门	备注
John P. Blewett	1910	44	Toronto/Princeton	科学家	PS	
M. Hildred Blewett	1911	43		科学家	PS	
Felix Bloch	1905	49	Leipzig/Stanford	科学管理者	DG	Noble Prize
Isidor Isaac Rabi	1898	56	Columbia/MIT	科学管理者		Noble Prize
人名（1960年）	出生年份	年龄	教育/工作背景	在CERN中的作用	工作部门	备注
Victor F Weisskopf	1908	52	Vienna/Gottingen/Leipaig/Berlin/Charkow/Copenhagen/Cambridge/Zurich/Rochester/MIT	科学管理者	DG/SPC	
M. Hildred Blewett	1911	49		科学家	PS	

参考文献

本-戴维．1988. 科学家在社会中的角色．赵佳苓译．成都：四川人民出版社．

布洛赫．2006. 为历史学辩护．张和声，程郁译．北京：中国人民大学出版社．

高洁，袁江洋．2009. 欧盟科学技术制度化进程之始端：欧洲核子研究组织的创建——关于欧洲核子研究组织创建初期核心成员的一项群体志分析．中国科技史杂志，(4)：465-481.

广重彻．1974. 科学的社会史．东京：中央公论社．

靳仲华，周国林．2005. 欧盟科学技术概况．北京：科学出版社．

克拉夫．2005. 科学史学导论．任定成译．北京：北京大学出版社．

库恩．2003. 科学革命的结构．金吾伦，胡新和译．北京：北京大学出版社．

雷迭斯多夫．2001. 科学计量学的挑战：科学交流的发展、测度和自组织．乌云，等译．北京：科学技术文献出版社．

刘立．1996. 论工业中科学制度化和科学职业化．科学技术与辩证法，13（5）：44-49.

刘立．2000. 德国工业中科学制度化及其对我国工业研究的启示．自然辩证法研究，12（2）：48-52.

默顿．2000. 十七世纪英格兰的科学、技术与社会．范岱年，吴忠，蒋效东译．北京：商务印书馆．

默顿．2003. 科学社会学．鲁旭东，林聚任译．北京：商务印书馆．

皮尔森．2007. 回报递增、路径依赖和政治学研究//何俊志，任军锋，朱德米．新制度主义政治学译文精选．天津：天津人民出版社．

丘吉尔．1977. 欧洲联合起来．商务印书馆翻译组译．北京：商务印书馆．

王元，金炬．2003. 公共的研究治理——走向更好的实践．北京：科学技术文献出版社．

乌云其其格，袁江洋．2010．日本科学技术决策与管理体制的历史演变进程．自然辩证法通讯，32（4）：71-78.

吴玉辉，袁江洋．2010．技术哲学的反思：技术共同体与技术范型．科学文化评论，7（1）：26-41.

杨逢珉，张永安．1999．欧洲联盟经济学．上海：华东理工大学出版社．

杨国梁，孟澈，李晓轩．2008．2008 法国 INRIA 管理与评估实践分析．科学学与科学技术管理，29（12）：172-177.

袁江洋，刘钝．2000．科学史在中国的再建制化问题之探讨．自然辩证法研究，16（2）：58-62.

袁江洋．1999．科学史的向度．自然科学史研究，（2）：97-114.

翟晓梅，邱仁宗．2005．生命伦理学导论．北京：清华大学出版社．

赵红州．1985．大科学观．北京：人民出版社．

朱正圻．1993．当地资本主义在西欧的发展．北京：中国社会科学出版社．

Abir-Am P. 1984. Beyond deterministic sociology and apologetic history：reassessing the impact of research policy upon new scientific disciplines（reply to Fuerst，Bartles，Olby，Yoxen）. *Social Studies of Science*，14：252-263.

Abir-Am P. 1985. Themes，genres and orders of legitimation in the consolidation of new scientific disciplines：deconstructing the historiography of molecular biology. *History of Science*，23：73-117.

Abir-Am P. 2001. Molecular biology in the context of British，French and American cultures. *International Social Science Journal*，53（168）：187-199.

Abir-Am P. 2004. DNA at 50：institutional and biographical perspectives. *Minerva*，42：191-213.

Abir-Am P. 2006. Molecular biology and its recent historiography：a transnational quest for the "big picture". *History of Science*，44（143）：95-118.

Abramson H N，Encarna [ao]，Reid PP，et al. 1997. *Technology Transfer Systems in the United States and Germany*：*Lessons and Perspective*. Washington：National Academies Press.

Arnold E，Clark J，Muscio A. 2005. What the evaluation record tells us about European Union Framework Programme performance. *Science and Public Policy*，32（5）：385-397.

Arnold E. 2005. *What the Evaluation Record Tells Us about Framework Programme Performance*. Brussels：European Commission，DG Research.

Beaver D，Rosen R. 1979. Studies in scientific collaboration part Ⅲ. Professionalization and the natural history of modern scientific co-authorship. *Scientometrics*，1（3）：231-245.

Ben-David J，Collins R. 1966. Social factors in the origin of a new science：the case of psy-

chology. *American Sociological Review*, 31: 451-465.
BIS. 2010. *The Allocation of Science and Research Funding*. London: Department for Business, Innovation and Skills.
Bloor D. 1991. *Knowledge and Social Imagery*. Chicago: University of Chicago Press.
BMBF. 2007. *Research and Innovation in Germany 2007—In the Mirror of Statistics*. Berlin, Bonn: Federal Ministry of Education and Research.
Bobe B. 1991. Trends in the use of R&D output indicators in EC programme evaluation. *Scientometrics*, 21 (3): 263-282.
Bozeman B, Corley E. 2004. Scientists' collaboration strategies: implications for scientific and technical human capital. *Research Policy*, 33: 599-616.
Braudel F. 1958. Histoire et sciences sociales: la longue durée. *Annales. Histoire, Sciences Sociales*, 13 (4): 725-753.
Breschi S, Cusmano L. 2002. *Unveiling the Texture of a European Research Area: Emergence of Oligarchic Networks under EU Framework Programmes*. CESPRI Working Paper No. 130.
Cabinet Office 1993. *Realizing Our Potential—A Strategy for Science, Engineering and Technology*. London: Her Majesty' s Stationery Office.
Caloghirou Y, Nicholas V S, Stavros I . 2004. *European Collaboration in Research and Development: Business Strategy and Public Policy*. Cheltenham: Edward Elgar Publishing.
Cooper W M, Penney W G, Eden J. 1963. Leaving the country. *The Times*, 55636: 11.
Crane D. 1980. Science policy studies//Durbin T P. *A Guide to the Culture of Science, Technology, and Medicine*. London: Collier Macmillan Publishers.
Dawn O. 2003. *Constitutional Reform in the United Kingdom*. Oxford: Oxford University Press.
De Chadarevian S. 2002. *Designs for Life*. Cambridge: Cambridge University Press.
De Solla Price D. 1986. *Little science, Big Science and Beyond*. New York: Columbia University Press.
Dedman, M J. 1996. *The origins and Development of the European Union* 1945-1995: *A History of European Integration*. London: Routledge.
Deichmann U. 2002. Emigration, isolation and the slow start of molecular biology in Germany. *Studies in History and Philosophy of Biological and Biomedical Sciences (Special Issue)*, 33C (3): 449-471.
Dibner M D. 1986. Biotechnology in Europe. *Science*, 232 (4756): 1367-1372.
Dickson D. 1984. U. S. , Europe at odds. *Science*, 224: 1216-1217.
Dohse D. 1998. *The BioRegio-Contest: a new Approach to Technology Policy and Its Re-*

gional Consequence. Kiel Institute of World Economics, Kiel University: Kiel Working Paper, No. 880.

Dohse D. 2000. Technology policy and the regions—the case of the BioRegio contest. *Research Policy*, 29: 1111-1133.

European Commission. 1993. *Competitiveness, Growth and Employment. The Challenges and Ways Forward into the 21st Century*. White Paper, COM (93) 700 final Brussels.

European Commission. 1994. *European Report on Science and Technology Indicators*. Luxembourg: Office for Official Publications of the European Communities.

European Commission. 1995. *Green Paper on Innovation*. Luxembourg: Office for Official Publications of the European Communities, COM (95) 688 final.

European Commission. 2000. *Towards a European Research Area, Communication from the Commission to the Council, the European Parliament, the Economic and Social Committee and the Committee of the Regions*. Brussels: European Commission, COM (6) .

European Commission. 2001. *Towards a Strategic Vision of Life Sciences and Biotechnology: Consultation Document*. Brussels: European Commission, COM: 454 final.

European Commission. 2002. *Impact Assessment of the Biomedical and Health Research Programme BIOMED2 (1994-1998)* . Luxembourg: Office for Official Publications of the European Communities.

European Commission. 2003a. *Snapshots "Key Figures 2003-2004"* . Luxembourg: Office for Official Publications of the European Communities.

European Commission. 2003b. *Key Figures 2003-2004*. Luxembourg: Office for Official Publications of the European Communities.

European Commission. 2003c. *Clean, Safe and Efficient Energy for Europe, Impact Assessment of Non-Nuclear Energy Projects Implemented under the Fourth Framework Programme, Synthesis Report*. EUR 20876/2. Luxembourg: Office for Official Publications of the European Communities.

European Commission. 2004. *Participating in European Research*. Luxembourg: Office for Official Publications of the European Communities.

European Commission. 2005a. Blair urges increased EU support for research and development. http://cordis.europa.eu/news/rcn/24005_en.html [2014-1-20] .

European Commission. 2005b. Conflict over EU budget reveals wide support for more R&D spending. http://cordis.europa.eu/news/rcn/24020_en.html [2014-1-20] .

European Commission. 2005c. Juncker rubbishes Blair's analysis of EU budget imbalance. http://cordis.europa.eu/news/rcn/24028_en.html [2014-1-20] .

European Commission. 2009a. *ERAWATCH Country Report* 2009. Luxembourg: Office for

Official Publications of the European Communities.
European Commission. 2009b. *ERAWATCH for Impact of EU Instrument*. Luxembourg: Office for Official Publications of the European Communities.
European Commission. 2009c. *ERAWATCH Research Inventory Report for : EU Profile*. Luxembourg: Office for Official Publications of the European Communities.
European Commission. 2010. *Strategic Impact, No Revolution*. Luxembourg: Office for Official Publications of the European Communities.
European Commission. 2011. Co-decision making procedure. http: //ec. europa. eu/codecision/stepbystep/diagram _ en. html [2011-5-20] .
European Parliament and Council. 1994. *Decision n. 1110/94/EC of the European Parliament and Council, 26 April 1994, Relating to the Fourth Framework Programme of Community Research, Technological Development and Demonstration Activities (1994-1998)* . Annex Ⅱ, OJEC.
Frame J D, Carpenter M P. 1979. International research collaboration. *Social Studies of Science*, 9: 481-497.
Freeman C. 1995. The national system of innovation in historical perspective. *Cambridge Journal of Economics*, 19: 5-24.
Giovanni D, Llerena P, Sylos L M. 2006. The relationships between science, technologies and their industrial exploitation: An illustration through the myths and realities of the so-called "european paradox" . *Research Policy*, 35 (10): 1450-1464.
Glanzel W, Schubert A. 2001. Double effort = Double impact? A critical view at international co-authorship in chemistry. *Scientometrics*, 50: 199-214.
Gordon M D. 1980. A critical reassessment of inferred relations between multiple authorship, scientific collaboration, the production of papers and their acceptance for publication. *Scientometrics*, 2: 193-201.
Gowing M. 1974. *Independence and Deterrence: Britain and Atomic Energy, 1945-1952*. New York: St. Martin's Press.
Graversen, E K, Siune K. 2001. *Danish Research Co-operation in EU: Extent, Return and Participation: an Analysis of Co-operation in the 4th EU Framework Programme, Report 2000/7*. Århus: Danish Institute for Studies in Research and Research Policy.
Guy K, Jane T, James S. 2000. *Evaluation of the Operation and Impacts in Ireland of the EU's Fourth Framework for Research and Development*. Brighton: Technopolis Group.
Guzzetti L. 1995. *A Brief History of European Union Research Policy*. Brussels: European Commission.
Haas E. 1958. *The Uniting of Europe*. Stanford: Stanford University Press.

Hagstrom W O. 1965. *The Scientific Community*. New York: Basic Books.

Haidt D. 2004. The discovery of neutral currents. *The European Physical Journal C*, 34: 25-31.

Hasert F J, Faissner H, Krenz W, et al. 1973. Search for elastic muon-neutrino electron scattering. *Physics Letters B*, 46 (1): 121-124.

Hasert F J, Kabe S, Krenz W, et al. 1973. Observation of neutrino-like interactions without muon or electron in the Gargamelle neutrino experiment. *Physics Letters B*, 46 (1): 138-140.

Hasert F J, Kabe S, Krenz W, et al. 1974. Observation of neutrino-like interactions without muon or electron in the Gargamelle neutrino experiment. *Nuclear Physics B*, 73 (1): 1-22.

Hermann A, Krige J, Belloni L, et al. 1987. *History of CERN*. Amsterdam: North-Holland Physics Publishing.

Hoddeson L, Brown L, Riordan M, et al. 1997. *The Rise of the Standard Model: A History of Particle Physics from* 1964 *to* 1979. Cambridge: Cambridge University Press.

Hodgson J. 2000. EC struggles to unravel regulations. *Nature Biotechnology*, 18: 705-706.

Hoffmann S. 1966. Obstinate or obsolete? The fate of the nation state and the case of Western Europe. *Daedalus*, 95 (3): 862-915.

Huxley H. 1987. Double vision reveals the structure of muscle. *New Scientist*, 114: 42-45.

Jasanoff S. 1985. Technological innovation in a corporatist state: the case of biotechnology in the Federal Republic of Germany. *Research Policy*, 14: 23-38.

Kate B. 1969. The EMBO question debated. *Nature*, 224 (5218): 406-407.

Katz J S, Martin B R. 1997. What is research collaboration? *Research Policy*, 26: 1-18.

Kendrew J C. 1968. EMBO and the idea of a European laboratory. *Nature*, 218: 840-842.

Knoppers A T. 1970. The causes of Atlantic technological disparities//Atlantic institute. *The technology gap: US and Europe*. New York: Praeger.

Kowarski L. 1995. The making of CERN: An experiment in cooperation. *Bulletin of the Atomic Scientists*, 11: 354-357.

Krige J, Russo A, de Maria M, et al. 2000. *A History of the European Space Agency 1958-1987*. Noordwijk: European Space Agency.

Krige J. 2002. The birth of EMBO and the difficult road to EMBL. *Studies in History and Philosophy of Biological and Biomedical Sciences (Special Issue)*, 33C (3): 547-564.

Krige J. 2006. *American hegemony and the postwar reconstruction of science in Europe*. Cambridge: MIT Press.

Latour B. 1992. One more turn after the social turn//McMullin E. *The Social Dimension of Science*. Notre Dame: University of Notre Dame Press.

Laudan L. 1993. Histories of the sciences and their uses: a review to 1913. *History of Science*, 31: 1-34.

Luukkonen T, Persson O, Sivertsen G. 1992. Understanding patterns of international scientific collaboration. *Science Technology & Human Values*, 17: 101-126.

Malina F J. 1950. International cooperation in science: the work of UNESCO. *Bulletin of the Atomic Scientists*, (6): 121-125.

Massimo L. 1991. The use of indicators in the R&D evaluation activity of the European communities. *Scientometrics*, 21 (3): 255-262.

Mattsson P, Laget P, Nilsson A, et al. 2008. Intra-EU vs. extra-EU scientific co-publication patterns in EU. *Scientometrics*, 75 (3): 555-574.

Melin G, Persson O. 1996. Studying research collaboration using co-authorships. *Scientometrics*, 36: 363-377.

Milstein C, Köhler G J F. 1987. Inspiration from diversity in the immune system. *New Scientist*, 1987, 114: 54-56.

Morange M. 1998. *A History of Molecular Biology*. Cambridge: Harvard University Press.

Moravcsik A. 1991. Negotiating the *Single European Act*: national interests and conventional statecraft in the European Community. *International Organization*, 45 (1): 46-48.

Moravcsik A. 1993. Preferences and power in the European Community: a liberal intergovernmentalist approach. *Journal of Common Market Studies*, 31 (4): 473-524.

Muldur U, Corvers F, Delanghe H, et al. 2006. *A New Deal for an Effective European Research Policy-The Design and Impacts of the 7th Framework Programme*. Dordrecht: Springer.

Mullins N C. 1972. The development of a scientific specialty: the phage group and the origins of molecular biology. *Minerva*, 10: 51-82.

Narin F, Stevens K, Whitlow E S. 1991. Scientific cooperation in Europe and the citation of multinationally authored papers. *Scientometrics*, 21: 313-323.

Nedeva M, Stampfer M . 2012. From "Science in Europe" to "European Science" . *Science*, 336 (6084): 982-983.

Nelson B. 1994. *European Union: Readings on the Theory and Practice of European Integration*. Boulder: Lynne Rienner Publisher.

Nelson R R. 1987. *Understanding Technical Change as an Evolutionary Process*. New York: North-Holland.

Neroth P. 2005. EU plans to boost research. *The Lancet*, 365 (9469): 1455-1456.

Niskanen P. 2001. *Finnish Universities and the EU Framework Programme—Towards a New Phase*. Helsinki: VTT Technology Studies.

Nollert M. 2000. Biotechnology in the European Union: a case study of political entrepreneurship: 210-243//Bornschier V. *State-building in Europe: the revitalization of Western European Integration*. Cambridge: Cambridge University Press.

Noyes W A. 1950. International cooperation in science: the work of UNSCO. *Bulletin of the Atomic Scientists*, 6: 121-125.

OECD. 1986. *Recombinant DNA Safety Considerations*. Paris: OECD.

OECD. 2001. Biotechnology, single definition. http://stats.oecd.org/glossary/detail.asp?ID=219 [2011-5-12].

Official Journal of the European Communities. 1986. *A Community Framework for the Regulation of Biotechnology*. Luxembourg: Official Journal of the European Communities.

Official Journal of the European Communities. 1990a. *Council Directive* 90/219/*EEC of* 23 *April* 1990 *on the Contained Use of Genetically Modified Micro-organisms L117*. Luxembourg: Official Journal of the European Communities.

Official Journal of the European Communities. 1990b. *Council Directive* 90/220/*EEC of* 23 *April* 1990 *on the Deliberate Release Into the Environment of Genetically Modified Organisms L 117*. Luxembourg: Official Journal of the European Communities.

Ormala E, Nicholas V, Ségolène A, et al. 2004. *Five Year Assessment of the European Union Research Framework Programmes, 1999-2003*. Brussels: European Commission, DG Research.

Owen-Smith J, Riccaboni M, Pammolli F, et al. 2002. A comparison of U.S. and European university-industry relations in the life sciences. *Management Science*, 48 (1): 24-43.

Papon P. 2009. Intergovernmental cooperation in making of European research//Delanghe H, Muldur U, Soete L. *European Science and Technology Policy: Towards Integration or Fragmentation?* Cheltenham: Edward Elgar Publishing.

Patel P. 1995. Localised production of technology for global markets. *Cambridge Journal of Economics*, 19: 141-153.

Perutz M. 1980. Origins of molecular biology. *New Scientist*, 85: 326-329.

Pierson P. 1996. The path to European Integration a historical institutionalist analysis. *Comparative Political Studies*, 29 (2): 123-163.

POSTNOTE. 2010. *EU Science & Technology Funding*. London: United Kingdom Parliament Office of Science and Technology Post Note No. 359.

Pullia A. 2004. Additional contributions by Sheldon Lee Glashow, Donald H. Perkins, and Antonino Pullia. *The European Physical Journal C*, 34: 103-105.

Rabinow P, Dan-Cohen T. 2005. *A Machine to Make a Future*. Princeton, Oxford: Princeton University Press.

Royal Society. 1963. *The Emigration of Scientists from the United Kingdom*. London: Royal Society.

Salomon J-J. 1968. European scientific organizations//Moonman E. *Science and Technology in Europe*. London: Penguin.

Sanger, F. 1987. Reading the messages in the *Genes*. *New Scientist*, 114: 58.

Schopper H. 2009. *LEP—The Lord of the Collider Rings at CERN 1980-2000*. Berlin Heidelberg: Springer publishing house.

Schubert A, Braun T. 1990. International collaboration in the sciences, 1981-1985. *Scientometrics*, 19: 3-10.

Senior Advisory Group on Biotechnology. 1990. *Community Policy for Biotechnology: Economic Benefits and European Competitiveness*. Brussels: European Chemical Industry Council.

Servan-Schreiber J-J. 1969. *The American Challenge*. New York: Avon.

Simmonds P, James S, Neil B, et al. 2010. *The Impact of the EU Framework Programmes on the UK*. Brighton: Technopolis Group.

Smith H L, Mihell D, Kingham D. 2000. Knowledge-complexes and the locus of technological change: the biotechnology sector in Oxfordshire. *Area*, 32 (2): 179-188.

Spinks A. 1980. *Biotechnology: Report of a Joint Working Party*. London: Her Majesty's Stationery Office.

Stapleton H D. 2004. *Creating a Tradition of Biomedical Research: Contributions to the History of the Rockefeller University*. New York: Rockefeller University Press.

Stent G S. 1968. That was the molecular biology that was. *Science*, 160: 390.

Strasser B J, de Chadarevian S. 2002. Molecular biology in postwar Europe. *Studies in History and Philosophy of Biological and Biomedical Sciences (Special Issue)*, 33C (3): 195-359.

Strasser B J. 2002. Institutionalizing molecular biology in post-war Europe: a comparative study. *Studies in History and Philosophy of Biological and Biomedical Sciences (Special Issue)*, 33C (3): 533-564.

Summers C W. 1999. *Felix d'Herelle and the Origins of Molecular Biology*. New Haven: Yale University Press.

Suzuki K. 2002. *Policy Logics and Institutions of European Space Collaboration*. Aldershot: Ashgate Publishing Ltd.

Thackray A, Merton R K. 1972. On discipline building: the paradoxes of George Sarton. *Isis*, 63: 473-495.

Thackray A. 1974. Natural knowledge in a cultural context: the Manchester model. *American Historical Review*, 79: 672-709.

Tooze J. 1986. The role of the European molecular biology organization (EMBO) and European molecular Biology conference (EMBC) in European molecular biology (1970-1983) . *Perspectives in Biology and Medicine*, 29: 38-46.

TSB. 2010. *Accelerating Business Innovation Across the UK*. Swindon: The Technology Strategy Board.

Van de Sande D, Helen A L, Bryony G, et al. 2005. *Impact Assessment of the Marie Curie Fellowships under the 4th and 5th Framework Programmes of Research and Technological Development of the EU (1994-2002)* . IMPAFEL 2-Contract nr. IHP-D2-2003-01.

Wallace H, Wallace W, Webb C. 1977. *Policy-making in the European Communities*. New York: John Wiley.

Walton A G, Hammer S K . 1985. *Genetic Engineering and Biotechnology Yearbook*. Amsterdam: Elsevier.

Watson J. 1987. Minds that live for science. *New Scientist*, 114: 63-66.

Wentzel A L. 1953. International laboratory for nuclear research. *Bulletin of the Atomic Scientists*, 9: 233, 234.

White paper. Excellence and opportunity: a science and innovation policy for the 21st century. http: //www. dti. gov. uk/ost/aboutost/dtiwhite [2012-5-17] .

Winscott D. 1995. Institutional interaction and European integration: towards an everyday critique of liberal intergovernmentalism. *Journal of Common Market Studies*, 33 (4): 597-609.

Wörner S, Thomas R, Martine M, et al. 2000. *European Biotechnology Innovation Systems (EBIS), Case Studies Germany*. Karlsmhe: Fraunhofer Institute Systems and Innovation Research.

Zielonka J. 2007. Plurilateral governance in the enlarged European Union. *Journal of Common Market Studies*, 45 (1): 187-209.

Zucker L, Darby M, Armstrong J. 1998. Geographically localized knowledge: spillovers or markets? *Economic Inquiry*, 36: 65-86.